Rafael Furlanetto

Funções críticas e o teorema da dualidade

Rafael Furlanetto

Funções críticas e o teorema da dualidade

Abordagem vetorial

Novas Edições Acadêmicas

Imprint
Any brand names and product names mentioned in this book are subject to trademark, brand or patent protection and are trademarks or registered trademarks of their respective holders. The use of brand names, product names, common names, trade names, product descriptions etc. even without a particular marking in this work is in no way to be construed to mean that such names may be regarded as unrestricted in respect of trademark and brand protection legislation and could thus be used by anyone.

Cover image: www.ingimage.com

Publisher:
Novas Edições Acadêmicas
is a trademark of
International Book Market Service Ltd., member of OmniScriptum Publishing Group
17 Meldrum Street, Beau Bassin 71504, Mauritius

Printed at: see last page
ISBN: 978-3-330-74770-8

Zugl. / Aprovado/a pela/pelo: Belo Horizonte, Universidade Federal de Minas Gerais, Tese de Doutorado, 2011.

SUMÁRIO

Capítulo 1

Introdução

1.1 Organização

Este trabalho esta organizado da seguinte maneira:

Neste capítulo introdutório damos um breve resumo do que foi feito, lançamos alguma base teórica já bem conhecida na literatura (porém que necessita ser aqui colocada) e enunciamos os principais resultados. Acreditamos que com isso o leitor já possa ter uma ideia do conteúdo e do alcance de nossos resultados.

O segundo capítulo trata da assim chamada Teoria Vetorial de Blow Up, desenvolvida recentemente em casos especiais por Druet e Hebey em [17], por Druet, Hebey e Vetóis em [16], por Hebey em [11] e no contexto geral por Barbosa e Montenegro em [4]. Neste capítulo apenas apresentamos os principais resultados e não provamos nada (ou quase nada), as provas obviamente podem ser encontradas na referência citada. Estes resultados serão ferramenta muito útil no decorrer da tese.

O capítulo 3 é constituído de conteúdo inédito e versa sobre as Funções Críticas dentro do contexto vetorial. Nele, definimos o conceito de função crítica e provamos algumas propriedades básicas deste novo item. Nada de muito sofisticado porém fundamental no estudo subsequente.

No capítulo 4 apresentamos as provas dos principais resultados deste trabalho, primeiramente mostramos um resultado sobre funções críticas prescritas e numa segunda subseção apresentamos os avanços obtidos no sentido do Teorema da Dualidade.

A escrita termina com dois pequenos apêndices. No primeiro colocamos algumas contas que aparecem no Teorema 4 a fim de facilitar a leitura do referido. No segundo apêndice colocamos duas propriedades básicas das funções F e G que recorrentemente aparecerão neste trabalho. Tratam-se de propriedades advindas da homogeneidade que essas funções portam.

1.2 Apresentação

O estudo das constantes ótimas de Sobolev vem sendo objeto de pesquisa mundo afora já por algumas décadas. Uma questão que aparece naturalmente neste contexto é sobre em que condições temos a existência de funções extremais para as desigualdades ótimas de Sobolev. Do ponto de vista escalar os pesquisadores

Djadli e Druet, na publicação [10], mostraram que em uma variedade riemanniana arbitrária compacta com dimensão $n \geq 4$ acontece ao menos, uma das duas assertivas:

(1) $\mathcal{B}_0(g) = \mathcal{B}_0(g)_{extr}$, ou

(2) (I_g^0) possui função extremal.

Onde $\mathcal{B}_0(g)$ é a segunda melhor constante de Sobolev para $p = 2$, proveniente da desigualdade

$$\left(\int_M |u|^{2^*} dv_g\right)^{\frac{2}{2^*}} \leq \mathcal{A}_0(n,2)\int_M |\nabla_g u|^2 dv_g + \mathcal{B}_0(g)\int_M u^2 dv_g \qquad (I_0^g)$$

e

$$\mathcal{B}_0(g)_{extr} = \frac{n-2}{4(n-1)}\mathcal{A}_0(n,2)\max_M S_g.$$

Cabe aqui, como nota, que doravante usaremos as notações $a(n) = \frac{n-2}{4(n-1)}$ e $\mathcal{A}_0(n) = \mathcal{A}_0(n,2)$.

Pois bem, o resultado acima devido a Djadli e Druet é conhecido como o Teorema da Dualidade e, a fim de estudá-lo, E. Hebey e M. Vaugon introduziram em [18] o conceito de função crítica.

Por outro lado, E. Barbosa e M. Montenegro em [5] obtiveram significativos avanços nos estudos das melhores constantes vetoriais e, dentre muitos outros resultados, obtiveram a versão vetorial do Teorema da Dualidade. No entanto, para expô-lo, precisamos antes por algumas noções um pouco mais precisas dos objetos envolvidos.

Seja (M,g) uma variedade suave riemanniana compacta de dimensão $n \geq 4$. Temos o espaço de Sobolev $H^{1,2}(M)$ dado por

$$H^{1,2}(M) = \overline{C^\infty(M)}^{\|\cdot\|_{H^{1,2}(M)}}$$

onde $\|u\|_{H^{1,2}(M)} := \left(\int_M |\nabla_g u|^2 dv_g + \int_M u^2 dv_g\right)^{1/2}$. Tome $k \geq 1$ um número inteiro. Definimos então o espaço de Sobolev vetorial $H_k^{1,2}(M)$ por

$$H_k^{1,2}(M) := H^{1,2}(M) \times H^{1,2}(M) \times \cdots \times H^{1,2}(M)$$

onde o produto é tomado k vezes e a norma é dada por

$$\|U\|_{H_k^{1,2}(M)} = \|U\|_{H_k} := \left(\int_M |\nabla_g U|^2 dv_g + \int_M |U|^2 dv_g\right)^{1/2}$$

onde $U = (u_1, u_2, \cdots, u_k) \in H_k^{1,2}(M)$ e

$$\begin{aligned}\int_M |\nabla_g U|^2 dv_g &= \sum_{i=1}^k \int_M |\nabla_g u_i|^2 dv_g \\ \int_M |U|^2 dv_g &= \sum_{i=1}^k \int_M u_i^2 dv_g,\end{aligned}$$

sendo ∇_g o gradiente segundo a métrica g.

Seja $F : \mathbb{R}^k \to \mathbb{R}$ uma função suave, positiva e 2^*- homogênea, ou seja, $F(\lambda t) = \lambda^{2^*}F(t)$ para todo $t \in \mathbb{R}^k$ e todo $\lambda > 0$. Observe que $2^* = \frac{2n}{n-2}$. Tome também $G : M \times \mathbb{R}^k \to \mathbb{R}$ função suave, positiva e $2-$ homogênea na segunda variável, isto é, $G(x, \lambda t) = \lambda^2 G(x,t)$ para todo $(x,t) \in M \times \mathbb{R}^k$ e para todo $\lambda > 0$. Segue então da continuidade da imersão de Sobolev $H^{1,2}(M) \hookrightarrow L^{2^*}(M)$ e da proposição 2.2.1 em [5] que existem constantes ótimas $\mathcal{A}_0(g,F,G)$ e $\mathcal{B}_0(g,F,G)$ tais que a chamada desigualdade ótima de Sobolev vetorial,

$$\left(\int_M F(U)\,dv_g\right)^{2/2^*} \leq \mathcal{A}_0(g,F,G)\int_M |\nabla_g U|^2\,dv_g + \mathcal{B}_0(g,F,G)\int_M G(x,U)\,dv_g \qquad (J_{g,opt}^{F,G})$$

seja válida para toda $U \in H_k^{1,2}(M)$. Para fins de esclarecimento do discurso apenas, notamos que $\mathcal{A}_0(g,F,G)$ é a menor constante tal que existe $\mathcal{B}$ que torna a desigualdade de Sobolev vetorial válida e $\mathcal{B}_0(g,F,G)$ é a menor constante tal que a desigualdade de Sobolev vetorial valha com $\mathcal{A}_0(g,F,G)$.

Notamos também que a proposição 2.2.1 em [5] mostra que a primeira melhor constante $\mathcal{A}_0(g,F,G)$ não depende da função G escolhida nem tampouco da métrica g. Num linguajar mais preciso temos que

$$\mathcal{A}_0(g,F,G) = M_F^{2/2^*}\mathcal{A}_0(n)$$

onde $M_F = \max_{\mathbb{S}_2^{k-1}}(F)$, $\mathbb{S}_2^{k-1} := \left\{t \in \mathbb{R}^k; \sum_{i=1}^k |t_i|^2 = 1\right\}$ e $\mathcal{A}_0(n)$ é a melhor constante de Sobolev escalar. Este fato será amplamente utilizado nesta tese.

Antes de continuarmos, cabem aqui duas pequenas observações: A primeira é sobre o fato de que as melhores constantes citadas acima serem todas sobre $p = 2$ e a segunda é que a proposição 2.2.1, também supracitada, prova os fatos descritos para $1 \leq p < n$ e não apenas para $p = 2$. Para demonstrações ver [5], claro.

Ainda a respeito das melhores constantes, chamamos de uma aplicação extremal de $(J_{g,opt}^{F,G})$ a uma aplicação $U_0 \in H_k^{1,2}(M) - \{0\}$ que realiza a igualdade em $(J_{g,opt}^{F,G})$. Além disso, uma estimativa referente à segunda melhor constante vetorial que aparece em [5] que finalmente resultou no Teorema da Dualidade foi

$$\mathcal{B}_0(g,F,G)\,G(\tilde{x},t_0) \geq \frac{(n-2)}{4(n-1)} M_F^{2/2^*}\mathcal{A}_0(n)\,S_g(\tilde{x})$$

para algum $\tilde{x} \in M$ e para todo $t_0 \in \mathbb{S}_2^{k-1}$ tal que $F(t_0) = M_F$ e sendo S_g a curvatura escalar segundo g sobre M.

Lançado então este pequeno conjunto básico de ideias, vemo-nos em condição de enunciarmos o Teorema da Dualidade Vetorial que, como citado, aparece em [5].

Teorema 1 (***Teorema da Dualidade***). *Seja (M,g) suave, riemanniana e compacta com dimensão $n \geq 4$. Tome $k > 1$ número natural, $F : \mathbb{R}^k \to \mathbb{R}$ função contínua, positiva, 2^*- homogênea e $G : M \times \mathbb{R}^k \to \mathbb{R}$ função contínua, positiva, $2-$ homogênea na segunda variável. Então ocorrerá*

(D1) A desigualdade ótima de Sobolev $\left(J_{g,opt}^{F,G}\right)$ admitirá aplicação extremal U_0 ou

(D2) $\mathcal{B}_0(g,F,G)\,G(\tilde{x},t_0) = a(n)\,M_F^{2/2^*}\mathcal{A}_0(n)\,S_g(\tilde{x}),\ \forall t_0 \in \mathbb{S}_2^{k-1}$ *tal que* $F(t_0) = M_F$,

para algum $\tilde{x} \in M$ e $\forall t_0 \in \mathbb{S}_2^{k-1}$ com $F(t_0) = M_F$ e onde S_g é a função curvatura escalar segundo g sobre M.

Para terminarmos, e como o assunto é Melhores Constantes, decidimos colocar uma última proposição à respeito neste ponto. Trata-se de uma estimativa obtida por E. Barbosa em [5] e que será usada posteriormente nesta tese. Para maiores detalhes sobre as melhores constantes sugerimos, por exemplo, ver [2], obviamente [5] e [10].

Proposição 1 *Seja (M,g) variedade riemanniana compacta de dimensão $n \geq 2$. Para cada $t_0 \in \mathbb{S}_2^{k-1}$ tal que $F(t_0) = M_F$, temos*

$$\frac{M_F^{2/2^*}\mathcal{B}_0(g)}{\max_{x\in M} G(x,t_0)} \leq \mathcal{B}_0(g,F,G) \leq \frac{M_F^{2/2^*}\mathcal{B}_0(g)}{\min_{M\times\mathbb{S}_2^{k-1}} G}.$$

Em particular, se existir $t_0 \in \mathbb{S}_2^{k-1}$ tal que $F(t_0) = M_F$ e $\min_{M\times\mathbb{S}_2^{k-1}} G = \max_{x\in M} G(x,t_0)$, então

$$\mathcal{B}_0(g,F,G) = \frac{M_F^{2/2^*}\mathcal{B}_0(g)}{\min_{M\times\mathbb{S}_2^{k-1}} G}$$

e, além disso, se a desigualdade ótima de Sobolev escalar possuir extremal então a desigualdade ótima de Sobolev vetorial com F e G possui extremal.

Passemos agora a apresentar os principais resultados desta tese.

1.2.1 O Problema da Função Crítica Prescrita

Inicialmente, pensamos em desenvolver o conceito de função crítica (no âmbito vetorial) a fim de que, à semelhança de Djadli e Druet, pudéssemos aplicar os resultados ao estudo do Teorema da Dualidade. No entanto, ao encontrarmos o trabalho de E. Humbert e M. Vaugon [19] decidimos que estudar o chamado Problema da Função Crítica Prescrita no contexto vetorial seria também de interesse, uma vez que, além da ligação óbvia com o estudo das melhores constantes que as funções críticas possuem, a noção de função crítica também é importante na discussão de existência de solução para sistemas elípticos do tipo

$$\Delta_g u^i + \frac{1}{2}\frac{\partial F}{\partial t_i}(x,U) = \frac{\lambda}{2^*}\frac{\partial G}{\partial t_i}(x,U) \text{ em } M$$

com λ constante, F e G como temos usado e $U = (u^1,...,u^k) \in H_k^{1,2}(M)$, já que, no âmbito escalar, a noção de criticidade alcança o estudo de equações elípticas do tipo

$$\Delta_g u + \alpha u = \beta u^{2^*-1}$$

onde α e β são funções $C^\infty(M)$ dadas. Dentre os problemas que envolvem diretamente a equação acima, destacam-se o *Problema de Yamabe* e o *Problema da Curvatura Escalar Prescrita,* onde o primeiro consiste em encontrar solução u (da equação acima) para $\alpha = \frac{(n-2)}{4(n-1)}S_g$ e β constante e o segundo consistindo em encontrar u para uma dada função β e o mesmo α de Yamabe.

Sendo assim e embora não haja conexão direta com o estudo da dualidade (pelo menos ainda não sabemos disso) incluímos este estudo neste trabalho tanto pela sua importância como para preparar o terreno para estudos vindouros.

Obviamente, o leitor ainda não tem como compreender plenamente do que se trata o dito problema pois sequer definimos o que é uma função crítica mas, a grosso modo, trata-se de darmos funções F e G, como citadas acima, sobre uma variedade riemanniana (M,g) compacta e perguntar em que condições teremos a existência de uma métrica $\tilde{g}$ pertencente à classe conforme de g para a qual G será crítica para $\tilde{g}$ segundo F.

Fixe $x \in M$ (M como no enunciado abaixo). Defina para cada $x \in M$,

$$m_G(x) = \min_{t \in S_2^{k-1}} G(x,t)$$

O resultado obtido foi,

TEOREMA: *Seja* (M,g) *riemanniana, compacta,* $\dim M = n \geq 4$, *não conformalmente difeomorfa à* (S^n, h). *Tome* $F : \mathbb{R}^k \to \mathbb{R}$ *suave, positiva e* 2^*- *homogênea e* $G : M \times \mathbb{R}^k \to \mathbb{R}$ *suave e* $2-$ *homogênea na segunda variável. Então existirá* $\tilde{g} \in [g]$ *tal que* G *é crítica para* $\tilde{g}$ *segundo* F *se, e somente se existir um ponto* $x \in M$ *tal que* $m_G(x) > 0$.

1.2.2 Sobre o Teorema da Dualidade

O objetivo principal deste trabalho é estudar o Teorema da Dualidade, ou seja, saber em que condições $(D1)$ não ocorre enquanto $(D2)$ sim, bem como em que situação podemos garantir que ambos ocorram.

No que concerne à dualidade obtivemos dois resultados. Neste primeiro aparecem as condições para que $(D1)$ não ocorra enquanto $(D2)$ ocorra, trata-se do

TEOREMA: *Seja* (M,g) *variedade riemanniana, suave, compacta,* $\dim M = n \geq 4$. *Considere também* $F : R^k \to R$ *suave, positiva e* 2^*- *homogênea e* $G : M \times R^k \to R$ *suave, positiva e* $2-$ *homogênea na segunda variável. Suponha adicionalmente que exista um ponto* $x_0 \in M$ *tal que* $W_g \equiv 0$ (*Tensor de Weyl, Cap.* 4)*numa vizinhança* V_0 *de* x_0. *Então existe uma métrica* $\tilde{g} \in [g]$ *tal que*

$$\mathcal{B}_0(\tilde{g}, F, G)\, G(\tilde{x}, t_0) = a(n)\, M_F^{2/2^*} \mathcal{A}_0(n)\, S_{\tilde{g}}(\tilde{x})$$

para algum $\tilde{x} \in M$ *e* $\forall t_0 \in S_2^{k-1}$ *tal que* $F(t_0) = M_F$ *e, além disso,* $\left(J^{F,G}_{\tilde{g},opt}\right)$ *não possui aplicação extremal.*

O segundo resultado versa sobre condições para as quais tanto $(D1)$ com $(D2)$ ocorram. No entanto este resultado é restrito pois trabalhamos com $G(x,t)$ em particular e ainda carece de aprimoramento, uma vez que o alvo são funções G gerais, à semelhança do anterior. O estudo do teorema da função crítica prescrita nos deu ideias de como aprimorá-lo, mas até o fechamento desta tese nenhum avanço digno de reporte foi obtido. Segue o resultado. Segue o enunciado sem grandes detalhes.

TEOREMA: *Sejam* (M,g) *variedade riemanniana suave, compacta,* $\dim M = n \geq 7$ *e não conformalmente difeomorfa à* $(\mathbb{S}^n, h)$. *Suponha que exista* $x_0 \in M$ *tal que* $W_g \equiv 0$ *numa vizinhança de* x_0. *Dada* $G(x,t)$, *então existe* $\hat{g} \in [g]$ *tal que*

$$\mathcal{B}_0(\tilde{g}, F, G)\, G(\tilde{x}, t_0) = a(n)\, M_F^{2/2^*} \mathcal{A}_0(n)\, S_{\tilde{g}}(\tilde{x}),$$

para algum $\tilde{x} \in M$ *e para todo* $t_0 \in S_2^{k-1}$ *tal que* $F(t_0) = M_F$ *e a desigualdade ótima de Sobolev vetorial* $(J^{F,G}_{\hat{g},opt})$ *possui extremais constantes.*

Capítulo 2

Teoria Vetorial de Blow up

Neste capítulo, apresentaremos importante ferramenta matemática utilizada para compor os resultados desta tese. Trata-se de resultados de Blow up já fortemente conhecidos no contexto escalar que foram extendidos\obtidos para o contexto vetorial. Considerando a grande quantidade de cálculos a serem efetuados no desenrolar dos próximos dois capítulos e para não entediar o leitor com desnecessidades, colocaremos aqui apenas os principais resultados e algumas demonstrações. O conteúdo completo pode ser encontrado em [4]. Como de praxe neste trabalho (mas nunca demais se citado), notamos que ao longo deste capítulo usaremos que $F : \mathbb{R}^k \to \mathbb{R}$ será uma função suave, positiva e 2^*-homogênea. $G : M \times \mathbb{R}^k \to \mathbb{R}$ suave, positiva e $2-$homogênea na segunda variável.

Seja (M, g) variedade riemanniana compacta, suave e com $\dim M = n \geq 2$. Defina $J_{g,G} : H_k^{1,2}(M) \to \mathbb{R}$ por

$$J_{g,G}(U) = \int_M |\nabla_g U|^2 \, dv_g + \int_M G(x, U) \, dv_g$$

e considere o conjunto

$$\Lambda = \left\{ U \in H_k^{1,2}(M) \text{ tal que } \int_M F(U) \, dv_g = 1 \right\}$$

e ponha $\lambda := \inf_{U \in \Lambda} (J_{g,G}(U))$. Nestas condições temos a

Proposição 2 *Se* $\lambda < \left(M_F^{2/2^*} \mathcal{A}_0(n)\right)^{-1}$ *então existirá* $U_\lambda \in \Lambda$ *tal que*

$$\lambda = J_{g,G}(U_\lambda).$$

Prova. A prova deste resultado, com mínimas modificações, pode ser encontrada em [5].

Esta proposição garante que $U_\lambda = \left(u_\lambda^1, u_\lambda^2, ..., u_\lambda^k\right)$ é solução fraca de

$$\begin{cases} -\Delta_g u_\lambda^i + \frac{1}{2} \frac{\partial G}{\partial t_i}(x, U_\lambda) = \frac{\lambda}{2^*} \frac{\partial G}{\partial t_i}(x, U_\lambda) \text{ em } M \\ \int_M F(U_\lambda) \, dv_g = 1. \end{cases}$$

Sendo F e G suaves, tem-se também que U_λ é suave (veja [5]).

Continuando, seja G_ε uma sequência de funções (do tipo G) convergindo pontualmente em $M \times \mathbb{R}^k$ para G quando $\varepsilon \to 0$. Suponha que para cada $\varepsilon > 0$ próximo o bastante de 0 tenhamos que $\mu_{g,F,G_\varepsilon} <$

$\left(M_F^{2/2^*}\mathcal{A}_0(n)\right)^{-1}$ com $\mu_{g,F,G}=\left(M_F^{2/2^*}\mathcal{A}_0(n)\right)^{-1}$. Pela proposição 2 temos gerada uma sequência $(U_\varepsilon)\in H_k^{1,2}(M)$ de funções suaves que claramente é limitada em $H_k^{1,2}(M)$. Nestas condições, sabemos que existe uma aplicação $U_0\in H_k^{1,2}(M)$ tal que

$$U_\varepsilon \rightharpoonup U_0 \text{ em } H_k^{1,2}(M) \text{ e } U_\varepsilon\to U_0 \text{ em } L_k^2(M).$$

Ficam então postas duas situações para U_0 : ou U_0 é não nulo ou U_0 é identicamente nulo em M. Daqui em diante lidaremos apenas com o segundo caso, ou seja, com $U_0\equiv 0$. Temos que a sequência $(|U_\varepsilon|)$ explode em $L^\infty(M)$ pois, (U_ε) converge para zero em $L_k^2(M)$ e

$$1=\int_M F(U_\varepsilon)\,dv_g\le C_0\,|U_\varepsilon(x_\varepsilon)|^{2^*-2}\int_M|U_\varepsilon|^2\,dv_g\to 0,$$

onde $x_\varepsilon\in M$ ponto de máximo de $|U_\varepsilon|$. Sendo assim, fica natural a definição de ponto de blow up para a sequência (U_ε).

Definiremos um ponto de concentração de (U_ε) (ou ponto de blow up) como um ponto $x_0\in M$ tal que

$$\limsup_{\varepsilon\to 0}\int_{B_g(x_0,\delta)}|U_\varepsilon|^{2^*}\,dv_g>0$$

para qualquer $\delta>0$ tomado. Notando que $B_g(x_0,\delta)$ é a bola segundo a métrica g centrada em x_0 e de raio δ. O próximo resultado versará sobre existência e unicidade de pontos de concentração.

Proposição 3 *Existe ponto de concentração $\tilde{x}_0\in M$ para a sequência (U_ε) e ele é único.*

Prova. Por compacidade de M a existência de ao menos um ponto x_0 é imediata. Fixe $\delta>0$, e ponha

$$\limsup_{\varepsilon\to 0}\int_{B_g(x_0,\delta)}F(U_\varepsilon)\,dv_g=a\in(0,1].$$

Tem-se que

$$-\Delta_g|U_\varepsilon|\le\left(M_F^{2/2^*}\mathcal{A}_0(n)\right)^{-1}|U_\varepsilon|^{-1}F(U_\varepsilon) \text{ em } M$$

Tomando η uma função corte e pondo $\eta^2|U_\varepsilon|^{m+1}$ como função teste na desigualdade anterior (m escolhido depois),

$$\int_M\nabla_g|U_\varepsilon|.\nabla_g\left(\eta^2|U_\varepsilon|^{m+1}\right)dv_g\le\left(M_F^{2/2^*}\mathcal{A}_0(n)\right)^{-1}\int_M\eta^2|U_\varepsilon|^m F(U_\varepsilon)\,dv_g.$$

Desenvolvendo o lado esquerdo da desigualdade acima encontra-se

$$\begin{aligned}(m+1)\int_M\eta^2|U_\varepsilon|^m|\nabla_g|U_\varepsilon||^2dv_g &\le \left(M_F^{2/2^*}\mathcal{A}_0(n)\right)^{-1}\int_M\eta^2|U_\varepsilon|^m F(U_\varepsilon)\,dv_g\\ &\quad-\int_M|U_\varepsilon|^{m+1}\nabla_g\left(\eta^2\right).\nabla_g|U_\varepsilon|\,dv_g.\end{aligned}$$

Por outro lado, fixado $\theta>0$ encontra-se uma constante $C_\theta>0$, independente de ε, tal que

$$\begin{aligned}\int_M\left|\nabla_g\left(\eta|U_\varepsilon|^{\frac{m+2}{2}}\right)\right|^2dv_g &\le (1+\theta)\frac{(m+2)^2}{4}\int_M\eta^2|U_\varepsilon|^m|\nabla_g|U_\varepsilon||^2dv_g\\ &\quad+C_\theta\|\nabla_g\eta\|_\infty^2\int_M|U_\varepsilon|^{m+2}dv_g.\end{aligned}$$

Juntando estas duas últimas desigualdades, usando Holder e evocando a desigualdade ótima de L^2-Sobolev obtêm-se

$$A_\varepsilon \left(\int_M \left(\eta \left| U_\varepsilon \right|^{\frac{m+2}{2}} \right)^{2^*} dv_g \right)^{2/2^*} \leq B_\varepsilon \int_M \left| U_\varepsilon \right|^{m+2} dv_g + C_\varepsilon \left(\int_M \left| U_\varepsilon \right|^{2m+2} dv_g \right)^{1/2},$$

onde $A_\varepsilon \left(m, F, \theta \right), B_\varepsilon \left(\left\| \nabla_g \eta \right\|_\infty \right)$ e $C_\varepsilon \left(m, F, \left\| \nabla_g \eta \right\|_\infty, \theta \right)$.

Suponha por absurdo que $0 < a < 1$. Neste caso pode-se escolher $\theta > 0$ e $m > 0$ pequeno o bastante tal que

$$A_\varepsilon \geq A_1 > 0, \; m + 2 \leq 2^* \text{ e } 2 \leq 2^* - \frac{m}{2^* - 2} < 2^*.$$

Assim, usando Holder, obtemos para ε grande uma constante $C_1 > 0$ tal que

$$\left(\int_M \left(\eta \left| U_\varepsilon \right|^{\frac{m+2}{2}} \right)^{2^*} dv_g \right)^{2/2^*} \leq C_1$$

e que

$$\int_{B_g(x_0,\delta)} \left| U_\varepsilon \right|^{2^*} dv_g \leq C_1 \left(\int_M \left| U_\varepsilon \right|^{2^* - \frac{m}{2^*-2}} dv_g \right)^{(2^*-2)/2^*}.$$

Usando então que $U_\varepsilon \to 0$ em $L_k^2(M)$ chega-se a

$$\limsup_{\varepsilon \to 0} \int_{B_g\left(x_0, \frac{\delta}{4}\right)} \left| U_\varepsilon \right|^{2^*} dv_g = 0$$

o que claramente contradiz o fato de x_0 ser ponto de concentração de (U_ε). Logo $a = 1$ e isto facilmente implica na unicidade de x_0.

Proposição 4 *A sequência (x_ε) dos pontos de máximo de $(|U_\varepsilon|)$ converge para $\tilde{x}_0$. Ademais, para qualquer $\delta > 0$, temos*

$$|U_\varepsilon| \to 0 \text{ em } C^0 \left(M - \{\tilde{x}_0\} \right).$$

Prova. Seja $x_0 \in M$ o ponto limite da sequência (x_ε). Então (U_ε) concentra-se em x_0 pois se isto não ocorresse e pela proposição anterior teríamos para qualquer δ pequeno o bastante

$$\limsup_{\varepsilon \to 0} \int_{B_g(x_0,2\delta)} \left| U_\varepsilon \right|^{2^*} dv_g = 0.$$

Pelos desenvolvimentos na proposição anterior, para ε grande,

$$\int_{B_g(x_0,2\delta)} \left| U_\varepsilon \right|^{\frac{(m_1+2)2^*}{2}} dv_g \leq C_1$$

Usando a proposição 2.4 de [4] deduz-se então que

$$\sup_{B_g(x_0,\delta)} |U_\varepsilon| \leq C_0 \delta^{-n/2} \left(\int_{B_g(x_0,\delta)} \left| U_\varepsilon \right|^{2^*} dv_g \right)^{1/2^*} \to 0$$

o que claramente contradiz o fato de que $(|U_\varepsilon(x_\varepsilon)|)$ explode quando $\varepsilon \to 0$. Assim, x_0 é ponto de concentração de (U_ε). Para a última parte, como para qualquer $\delta > 0$,

$$\limsup_{\varepsilon \to 0} \int_{M - B_g\left(x_0, \frac{\delta}{2}\right)} \left| U_\varepsilon \right|^{2^*} dv_g = 0$$

voltando à prova da proposição anterior tem-se que existe constantes positivas m_2 e C_2 tais que

$$\int_{B_g(\tilde{x}_0,2\delta)} |U_\varepsilon|^{\frac{(m_2+2)2^*}{2}} dv_g \leq C_2.$$

Novamente lançando mão da proposição 2.4 chega-se a

$$\sup_{M-B_g\left(x_0,\frac{\delta}{2}\right)} |U_\varepsilon| \leq C_3 \left(\int_{M-B_g\left(x_0,\frac{\delta}{2}\right)} |U_\varepsilon|^{2^*} dv_g \right)^{1/2^*} \to 0,$$

como queríamos.

Proposição 5 *Para qualquer $R > 0$,*

$$\lim_{\varepsilon\to 0} \int_{B_g(x_0,R\mu_\varepsilon)} F\left(U_\varepsilon\right) dv_g = 1 - k\left(R\right),$$

onde $k(R) \to 0$ quando $R \to +\infty$ e μ_ε é como na proposição 8.

Prova. Sabemos que existe $\delta > 0$ tal que $\exp_{x_\varepsilon} : B_\delta\left(0\right) \to B_g\left(x_\varepsilon, \delta\right)$ é difeomorfismo para qualquer ε. Tome η_ε função corte tal que $0 \leq \eta_\varepsilon \leq 1$, $\eta_\varepsilon = 1$ em $B_g\left(x_\varepsilon, \delta/2\right)$, $\eta_\varepsilon = 0$ em $M - B_g\left(x_\varepsilon, \delta\right)$ e $|\nabla_g \eta_\varepsilon| \leq C$. Pondo

$$\tilde{U}_\varepsilon = \eta_\varepsilon U_\varepsilon$$

então, a menos de subsequência,

$$\lim_{\varepsilon\to 0} \int_{B_g(x_\varepsilon,\delta)} F\left(\tilde{U}_\varepsilon\right) dv_g = 1. \tag{2.1}$$

Usando homogeneidade e o sistema (S_ε) satisfeito por U_ε chega-se a

$$\lim_{\varepsilon\to 0} \int_{B_g(x_\varepsilon,\delta)} \left|\nabla_g \tilde{U}_\varepsilon\right|^2 dv_g = \left(M_F^{2/2^*} \mathcal{A}_0\left(n\right)\right)^{-1}. \tag{2.2}$$

Para cada ε, introduza a métrica $\tilde{g}_\varepsilon$ na bola $\Omega_\varepsilon = B_{\delta\mu_\varepsilon^{-1}}\left(0\right)$ por

$$\tilde{g}_\varepsilon\left(x\right) = \left(\exp_{x_\varepsilon}^* g\right)\left(\mu_\varepsilon x\right),$$

onde, lembrando, $\mu_\varepsilon = \left|\tilde{U}_\varepsilon\left(x_\varepsilon\right)\right|^{-2/n}$. Note que $\mu_\varepsilon \to 0$ quando $\varepsilon \to 0$ e que $\tilde{g}_\varepsilon \to \xi$ em $C^2_{loc}\left(\mathbb{R}^n\right)$. Ponha também o mapa Φ_ε em $\mathbb{R}^n$,

$$\Phi_\varepsilon\left(x\right) = \begin{cases} \mu_\varepsilon^{n/2^*} \tilde{U}_\varepsilon\left(\exp_{x_\varepsilon}\left(\mu_\varepsilon x\right)\right) \text{ se } x \in \Omega_\varepsilon \\ 0 \text{ se } x \in \mathbb{R}^n - \Omega_\varepsilon. \end{cases}$$

Fato essencial é que Φ_ε satisfaz o sistema

$$-\Delta_{\tilde{g}_\varepsilon} \phi_\varepsilon^i + \frac{\mu_\varepsilon^2}{2} \frac{\partial G_\varepsilon}{\partial t_i} \left(\exp_{x_\varepsilon}\left(\mu_\varepsilon x\right), \Phi_\varepsilon\right) = \frac{\lambda_\varepsilon}{2^*} \frac{\partial F_\varepsilon}{\partial t_i} \left(\Phi_\varepsilon\right).$$

Agora, com os limites (2.1) e (2.2) e usando expansão de Cartan da métrica g, chega-se a

$$\lim_{\varepsilon\to 0} \int_{\mathbb{R}^n} F\left(\Phi_\varepsilon\right) dx = 1$$

e

$$\lim_{\varepsilon\to 0}\int_{\mathbb{R}^n}|\nabla\Phi_\varepsilon|^2\,dx=\left(M_F^{2/2^*}\mathcal{A}_0(n)\right)^{-1}.$$

Usando agora expansão de Cartan da métrica g, o refinamento das estimativas de Giorgi-nash-Moser (proposição 2.4 de [4]) e belos argumentos de análise (veja Lema 2.1 de [4]) conclui-se a existência de um $\Phi_0\in\mathcal{D}_k^{1,2}(\mathbb{R}^n)$ tal que a sequência (Φ_ε) converge para Φ_0 em $\mathcal{D}_k^{1,2}(\mathbb{R}^n)$ e que

$$\Phi_0=t_0\phi,$$

e $\phi=\left(1+\frac{|x|^2}{n(n-2)\mathcal{A}_0(n)}\right)^{1-\frac{n}{2}}$. Temos então que,

$$\int_\Omega F(\Phi_\varepsilon)\,dx\to\int_\Omega F(\Phi_0)\,dx\le\int_{\mathbb{R}^n}F(\Phi_0)\,dx=1$$

para qualquer Ω limitado em $\mathbb{R}^n$. Finalmente,

$$\int_{B_g(x_0,\delta)}F(U_\varepsilon)\,dx=\int_{B_R(0)}F(\Phi_\varepsilon)\,dv_{\tilde{g}_\varepsilon}\to\int_{B_R(0)}F(\Phi_0)\,dx=1-k(R).$$

Como queríamos.

Estes próximos três resultados são fundamentais e serão muito utilizados no capítulo 4. O primeiro é a chamada concentração L^2.

Proposição 6 *Para qualquer* $\delta>0$,

$$\lim_{\varepsilon\to 0}\frac{\int_{M-B_g(x_0,\delta)}|U_\varepsilon|^2\,dv_g}{\int_M|U_\varepsilon|^2\,dv_g}=0.$$

Prova. Veja [4].

Observe que decorre imediatamente desta última proposição que

$$\lim_{\varepsilon\to 0}\frac{\int_{B_g(x_0,\delta)}|U_\varepsilon|^2\,dv_g}{\int_M|U_\varepsilon|^2\,dv_g}=1.$$

Este fato também terá participação futura. O próximo resultado é comumente conhecido, inclusive em sua variante escalar, como Lema da distância 1,

Proposição 7 *Existe uma constante* $C>0$, *independente de* ε, *tal que*

$$d_g(x,x_\varepsilon)^{n/2^*}|U_\varepsilon(x)|\le C$$

para qualquer $x\in M$ *e* ε *próximo o suficiente de zero. Aqui,* d_g *é a distância com respeito a* g.

Prova. Esta prova é muito semelhante à seguinte. Como já dito, veja [4].

O próximo resultado é o chamado Lema da distância 2, ele não aparece em [4], apesar de, como já dito, sua demonstração seguir as mesmas ideias da prova do Lema da distância 1.

Proposição 8 *Para todo $\theta > 0$, existe $R > 0$ tal que para qualquer ε próximo de zero o bastante e qualquer $x \in M$*

$$d_g(x, x_\varepsilon) \geq R\mu_\varepsilon \Rightarrow d_g(x, x_\varepsilon)^{n/2^*} |U_\varepsilon(x_\varepsilon)| \leq \theta,$$

onde $\mu_\varepsilon == \left|\tilde{U}_\varepsilon(x_\varepsilon)\right|^{-2/n}$.

Prova. Defina $u_\varepsilon(x) = d_g(x, x_\varepsilon)^{n/2^*} |U_\varepsilon(x)|$ e suponha por absurdo que exista $\theta_0 > 0$ tal que para qualquer $R > 0$ haja $\varepsilon > 0$ e $y_\varepsilon \in M$ satisfazendo

$$d_g(x_\varepsilon, y_\varepsilon) \geq R\mu_\varepsilon \text{ e } d_g(x_\varepsilon, y_\varepsilon)^{n/2^*} |U_\varepsilon(y_\varepsilon)| > \theta_0. \tag{2.3}$$

Pela proposição 4, $y_\varepsilon \to \tilde{x}_0$. Além disso, de $0 < \theta_0 d_g(x_\varepsilon, y_\varepsilon)^{n/2^*} |U_\varepsilon(y_\varepsilon)|$ temos também que $|U_\varepsilon(y_\varepsilon)| \to +\infty$. Agora, tome $\delta > 0$ pequeno o bastante de modo que $\exp_{y_\varepsilon} : B_{2\delta}(0) \to B_{2\delta}(y_\varepsilon)$ seja um difeomorfismo. Ponha $\Omega_\varepsilon \subset \mathbb{R}^n$ por

$$\Omega_\varepsilon = \gamma_\varepsilon^{-1} \exp_{y_\varepsilon}(B_\delta(x_\varepsilon))$$

onde $\gamma_\varepsilon = |U_\varepsilon(y_\varepsilon)|^{-2^*/n}$. Introduza então,

$$\begin{aligned} h_\varepsilon(x) &= \left(\exp_{y_\varepsilon}^* g\right)(\gamma_\varepsilon x) \text{ e} \\ V_\varepsilon(x) &= \gamma_\varepsilon^{n/2^*} U_\varepsilon\left(\exp_{x_\varepsilon}(\gamma_\varepsilon x)\right). \end{aligned}$$

Temos que $h_\varepsilon \to \xi$ em $C^2_{loc}(\mathbb{R}^n)$, onde ξ é a métrica euclidiana.

(i) A sequência (V_ε) é uniformemente limitada em $B_{\frac{1}{2}\theta_0^{2^*/n}}(0)$ para ε próximo de zero.

De fato, fixado $x \in B_{\frac{1}{2}\theta_0^{2^*/n}}(0)$, temos

$$d_g\left(x_\varepsilon, \exp_{y_\varepsilon}(\gamma_\varepsilon x)\right) + d_g\left(\exp_{y_\varepsilon}(\gamma_\varepsilon x), y_\varepsilon\right) \geq d_g(x_\varepsilon, y_\varepsilon)$$

e portanto, para ε próximo de zero,

$$\begin{aligned} d_g\left(x_\varepsilon, \exp_{y_\varepsilon}(\gamma_\varepsilon x)\right) &\geq d_g(x_\varepsilon, y_\varepsilon) - 2\gamma_\varepsilon \\ &= d_g(x_\varepsilon, y_\varepsilon) - 2|U_\varepsilon(y_\varepsilon)|^{-2^*/n} \\ &\geq \frac{1}{2} d_g(x_\varepsilon, y_\varepsilon). \end{aligned}$$

Desta forma,

$$\begin{aligned} |V_\varepsilon(x)| &= \gamma_\varepsilon^{n/2^*} \left|U_\varepsilon\left(\exp_{y_\varepsilon}(\gamma_\varepsilon x)\right)\right| = \gamma_\varepsilon^{n/2^*} d_g\left(x_\varepsilon, \exp_{y_\varepsilon}(\gamma_\varepsilon x)\right)^{-n/2^*} u_\varepsilon\left(\exp_{y_\varepsilon}(\gamma_\varepsilon x)\right) \\ &\leq 2^{n/2^*} \gamma_\varepsilon^{n/2^*} d_g(x_\varepsilon, y_\varepsilon)^{-n/2^*} u_\varepsilon\left(\exp_{y_\varepsilon}(\gamma_\varepsilon x)\right) \\ &= 2^{n/2^*} u_\varepsilon^{-1}(y_\varepsilon) u_\varepsilon\left(\exp_{y_\varepsilon}(\gamma_\varepsilon x)\right) \\ &\leq 2^{n/2^*} \theta_0^{-1}.C, \end{aligned}$$

onde $C > 0$ foi obtido a partir da proposição 7. Assim, para ε próximo de zero,

$$\sup_{B_{\frac{1}{2}\theta_0^{2^*/n}}(0)} |V_\varepsilon(x)| \leq 2^{n/2^*} \theta_0^{-1} C, \tag{2.4}$$

como queríamos.

Por outro lado, a aplicação $V_\varepsilon = \left(v_\varepsilon^1, ..., v_\varepsilon^k\right)$ satisfaz (veja [4]) $\forall i = 1, ..., k$,

$$-\Delta_{h_\varepsilon} v_\varepsilon^i + \frac{1}{2}\frac{\partial G_\varepsilon}{\partial t_i}(x, V_\varepsilon) = \frac{\lambda_\varepsilon}{2^*}\frac{\partial F}{\partial t_i}(V_\varepsilon) \text{ em } B_{\frac{1}{2}\theta_0^{2^*/n}}(0),$$

com $\lambda_\varepsilon = \inf_{H_k^{1,2}(M)}(J_{g,F,G_\varepsilon})$. Deste modo, graças a (2.4) e as estimativas de De Giorgi-Nash-Moser aplicadas ao sistema acima (veja [4], proposição 2.4),

$$\begin{aligned} 1 &= |V_\varepsilon(0)| \leq \sup_{B_{\frac{1}{4}\theta_0^{2^*/n}}(0)} |V_\varepsilon(x)| \leq C\left(\int_{B_{\frac{1}{2}\theta_0^{2^*/n}}(0)} |V_\varepsilon|^{2^*} dv_{h_\varepsilon}\right)^{1/2^*} \\ &= C\left(\int_{B_{\frac{1}{2}\theta_0^{2^*/n}\gamma_\varepsilon}(y_\varepsilon)} |V_\varepsilon|^{2^*} dv_g\right)^{1/2^*}. \end{aligned}$$

Finalmente, pela proposição 5, para chegarmos a um absurdo, basta mostrar que $\forall\varepsilon$ próximo o bastante de zero e para qualquer $R > 0$,

$$B_{\frac{1}{2}\theta_0^{2^*/n}\gamma_\varepsilon}(y_\varepsilon) \cap B_{R\mu_\varepsilon}(x_\varepsilon) = \emptyset.$$

De volta a (2.3), temos ao fazer $R \to +\infty$ que

$$\lim_{\varepsilon\to 0} \frac{d_g(x_\varepsilon, y_\varepsilon)}{\mu_\varepsilon} = +\infty.$$

Assim,

$$\frac{d_g\left(x_\varepsilon, \exp_{y_\varepsilon}(\gamma_\varepsilon x)\right)}{\mu_\varepsilon} \geq \frac{1}{2}\frac{d_g(x_\varepsilon, y_\varepsilon)}{\mu_\varepsilon} \to +\infty$$

e desta forma, dado $R > 0$ existe ε tal que

$$d_g\left(x_\varepsilon, \exp_{y_\varepsilon}(\gamma_\varepsilon x)\right) > R\mu_\varepsilon, \ \forall x \in B_{\frac{1}{2}\theta_0^{2^*/n}}(0)$$

seguindo daí que a interseção acima é realmente vazia.

Capítulo 3

Funções Críticas em Teoria Vetorial

Neste capítulo, introduziremos a noção de função crítica e provaremos resultados e propriedades. Apesar de conter ideias e demonstrações simples, o capítulo é fundamental visto que é através do conceito de função crítica que conseguiremos extrair resultados a respeito do teorema da dualidade.

O capítulo foi dividido em duas seções apenas com o objetivo de facilitar a leitura e a procura. Na primeira damos a definição de função crítica. Na segunda estudamos algumas propriedades destas funções e provamos proposições simples relacionadas a isto. Note que todo o estudo é dentro do ponto de vista vetorial, no entanto de aqui em diante, a referência ao contexto vetorial será suprimida, ficando subentendida.

3.1 A Noção de Função Crítica

Seja (M, g) variedade suave, riemanniana e compacta com dimensão $n \geq 4$. Definimos a classe conforme da métrica g como o conjunto

$$[g] := \{\tilde{g} = fg \ ; \ f \in C^{\infty}(M) \text{ com } f > 0\}$$

Tome $\tilde{g} \in [g]$ e escreva $\tilde{g} = \varphi^{2^*-2}g$ com $\varphi \in C^{\infty}(M)$, $\varphi > 0$. Considere também $F : \mathbb{R}^k \to \mathbb{R}$ suave, positiva e 2^*- homogênea e $H : M \times \mathbb{R}^k \to \mathbb{R}$ suave, positiva e $2-$ homogênea na segunda variável. Defina a função $G : M \times \mathbb{R}^k \to \mathbb{R}$ por

$$G(x,t) := \frac{-\Delta_g \varphi . |t|^2 + \frac{\mathcal{B}_0(g,F,H)}{M_F^{2/2^*}\mathcal{A}_0(n)} H(x,t)\varphi}{\varphi^{2^*-1}}$$

onde $-\Delta_g(.) = -div(\nabla_g(.))$ é o operador laplaciano segundo a métrica g. Note que G não necessariamente é positiva, apesar de ser suave e manter a $2-$ homogeneidade. Nestas condições temos a seguinte

Afirmação: Com H e G como acima e pondo o funcional $J_{g,F,H} : H_k^{1,2}(M) - \{0\} \to \mathbb{R}$ por

$$J_{g,F,H}(U) := \frac{\int_M |\nabla_g U|^2 dv_g + \int_M H(x,U)\, dv_g}{\left(\int_M F(U)\, dv_g\right)^{2/2^*}}$$

temos que $J_{\tilde{g},F,G}\left(U.\varphi^{-1}\right) = J_{g,F,\frac{\mathcal{B}_0(g,F,H)}{M_F^{2/2^*}\mathcal{A}_0(n)}H}(U)$ para toda $U \in H_k^{1,2}(M) - \{0\}$.

Prova. De fato, como $dv_g = \sqrt{|g|}dx$ e $\tilde{g} = \varphi^{2^*-2}g$ então $dv_{\tilde{g}} = \varphi^{2^*}dv_g$ e portanto para toda $U \in H_k^{1,2}(M) - \{0\}$,

$$\int_M F\left(U.\varphi^{-1}\right) dv_{\tilde{g}} = \int_M \varphi^{-2^*} F(U)\, \varphi^{2^*} dv_g = \int_M F(U)\, dv_g,$$

e com isso os denominadores dos funcionais estão resolvidos. Trabalhemos com os numeradores agora. Temos que

$$\begin{aligned}
\int_M \left|\nabla_{\tilde{g}}\left(U\varphi^{-1}\right)\right|^2 dv_{\tilde{g}} &= \int_M \sum_{i=1}^k \left|\nabla_{\tilde{g}}\left(u_i\varphi^{-1}\right)\right|^2 dv_{\tilde{g}} = \int_M \sum_{i=1}^k \varphi^{2^*} \left|\nabla_{\tilde{g}}\left(u_i\varphi^{-1}\right)\right|^2 dv_g \\
&= \left(\sum_{i=1}^k \int_M \left|\nabla_g u_i\right|^2 dv_g + \int_M \Delta_g(\varphi)\, u_i^2 \varphi^{-1} dv_g\right) \\
&= \sum_{i=1}^k \left(\int_M \left|\nabla_g u_i\right|^2 dv_g\right) + \int_M \Delta_g(\varphi)\, |U|^2 \varphi^{-1} dv_g,
\end{aligned}$$

uma vez que $\int_M u^2\varphi^{-2}\left|\nabla_g\varphi\right|^2 - 2u\varphi^{-1}g\left(\nabla_g\varphi, \nabla_g u\right) dv_g = \int_M \Delta_g(\varphi)\, u^2\varphi dv_g$ para toda $u \in H^{1,2}(M)$. Por outro lado,

$$\int_M G\left(x, U\varphi^{-1}\right) dv_{\tilde{g}} = \int_M \varphi^{-2} G(x,U)\, \varphi^{2^*} dv_g = \int_M \varphi^{\frac{4}{n-2}} G(x,U)\, dv_g,$$

e portanto, juntando esta informações,

$$\begin{aligned}
\int_M \left|\nabla_{\tilde{g}}\left(U\varphi^{-1}\right)\right|^2 dv_{\tilde{g}} + \int_M G\left(x, U\varphi^{-1}\right) dv_{\tilde{g}} &= \int_M \left|\nabla_g U\right|^2 dv_g + \\
&\quad + \int_M \frac{\Delta_g(\varphi)}{\varphi} |U|^2 dv_g + \frac{\varphi^{2^*-1}}{\varphi} G(x,U)\, dv_g \\
&= \int_M \left|\nabla_g U\right|^2 + \frac{\mathcal{B}_0(g,F,H)}{M_F^{2/2^*}\mathcal{A}_0(n)} H(x,U)\, dv_g
\end{aligned}$$

e com isto resolvemos os numeradores.

De posse desta afirmação e sabendo da validade da desigualdade ótima de Sobolev vetorial para F e H temos então que

$$\begin{aligned}
\left(\int_M F\left(U\varphi^{-1}\right) dv_{\tilde{g}}\right)^{2/2^*} &= \left(\int_M F(U)\, dv_g\right)^{2/2^*} \\
&\leq M_F^{2/2^*}\mathcal{A}_0(n) \int_M \left|\nabla_g U\right|^2 dv_g + \mathcal{B}_0(g,F,H) \int_M H(x,U)\, dv_g \\
&= M_F^{2/2^*}\mathcal{A}_0(n) \left[\int_M \left|\nabla_{\tilde{g}}\left(U\varphi^{-1}\right)\right|^2 dv_{\tilde{g}} + \int_M G\left(x, U\varphi^{-1}\right) dv_{\tilde{g}}\right. \\
&\quad \left. - \frac{\mathcal{B}_0(g,F,H)}{M_F^{2/2^*}\mathcal{A}_0(n)} \int_M H(x,U)\, dv_g\right] + \mathcal{B}_0(g,F,H) \int_M H(x,U)\, dv_g \\
&= M_F^{2/2^*}\mathcal{A}_0(n) \left[\int_M \left|\nabla_{\tilde{g}}\left(U\varphi^{-1}\right)\right|^2 dv_{\tilde{g}} + \int_M G\left(x, U\varphi^{-1}\right) dv_{\tilde{g}}\right],
\end{aligned}$$

ou seja, escrevendo $V = U\varphi^{-1}$ chegamos que a melhor desigualdade de Sobolev vetorial equivale a

$$\left(\int_M F(V)\, dv_{\tilde{g}}\right)^{2/2^*} \leq M_F^{2/2^*}\mathcal{A}_0(n) \left[\int_M \left|\nabla_{\tilde{g}}(V)\right|^2 dv_{\tilde{g}} + \int_M G(x,V)\, dv_{\tilde{g}}\right] \qquad \left(C_{\tilde{g}}^{F,G}\right)$$

para toda $V \in H_k^{1,2}(M)$.

Fica natural então procurar por uma "melhor função"G e ver o que ela pode nos dizer. Mas qual é o sentido matemático da expressão "melhor função"? Esclarecemos isto na seguinte

Definição 1 *Seja (M,g) uma variedade riemanniana, suave e compacta e $F : \mathbb{R}^k \to \mathbb{R}$ função suave, positiva e 2^*- homogênea $(k > 1)$. Uma dada função $G : M \times \mathbb{R}^k \to \mathbb{R}$ suave e $2-$ homogênea na segunda variável será dita ser uma* ***função crítica para*** g ***segundo*** F *se*

(*i*) *A desigualdade $\left(C_g^{F,G}\right)$ for verdadeira para toda $U \in H_k^{1,2}(M) - \{0\}$ e*

(*ii*) *Se para toda $\tilde{G} : M \times \mathbb{R}^k \to \mathbb{R}$ suave e $2-$ homogênea na segunda variável, com $\tilde{G} \le G$, $\tilde{G} \not\equiv G$, a desigualdade $\left(C_g^{F,\tilde{G}}\right)$ for falsa para alguma $U_{\tilde{G}} \in H_k^{1,2}(M) - \{0\}$.*

Esta definição de função crítica dada acima, apesar de clara, parece um tanto difícil de ser trabalhada num contexto de contas e manipulações matemáticas. Com base nesta dificuldade, procuremos uma definição equivalente que satisfaça nossos anseios de termos algo mais palpável em mãos. Para isto, voltemos ao funcional $J_{g,F,G}$ definido mais acima. Primeiramente, observe que ele é inspirado em $(C_g^{F,G})$.

Defina então o seguinte número real

$$\mu_{g,F,G} = \inf_{H_k^{1,2}(M)-\{0\}} \left(J_{g,F,G}(U)\right)$$

onde F e G são como na definição (1) acima. Tome $t_0 \in \mathbb{S}_2^{k-1}$ tal que $M_F = \max_{\mathbb{S}_2^{k-1}} (F(t)) = F(t_0)$. Dado $u \in H^{1,2}(M) - \{0\}$, ponha $U_0 = t_0 u = (t_{0_1}u, t_{0_2}u, \cdots, t_{0_k}u) \in H_k^{1,2}(M) - \{0\}$. Assim,

$$\begin{aligned}
J_{g,F,G}(U_0) &= \frac{\int_M |\nabla_g U_0|^2 dv_g + \int_M G(x,U_0)\, dv_g}{\left(\int_M F(U_0)\, dv_g\right)^{2/2^*}} \\
&= \frac{\int_M |\nabla_g t_0 u|^2 dv_g + \int_M G(x,t_0 u)\, dv_g}{\left(\int_M F(t_0 u)\, dv_g\right)^{2/2^*}} \\
&= \frac{\sum_{i=1}^k |t_0|^2 \int_M |\nabla_g u|^2 dv_g + \int_M f_{t_0}(x)\, u^2 dv_g}{M_F^{2/2^*}\left(\int_M |u|^{2^*} dv_g\right)^{2/2^*}} \\
&= \frac{\int_M |\nabla_g u|^2 dv_g + \int_M f_{t_0}(x)\, u^2 dv_g}{M_F^{2/2^*}\left(\int_M |u|^{2^*} dv_g\right)^{2/2^*}}
\end{aligned}$$

onde $f_{t_0}(x) = G(x,t_0)$. Por outro lado, da teoria escalar de funções críticas, sabemos que, ver [18],

$$\mu_{g,f} = \inf_{H^{1,2}(M)-\{0\}} J_{g,f}(u) = \inf_{H^{1,2}(M)-\{0\}} \left(\frac{\int_M |\nabla_g u|^2 dv_g + \int_M f(x)\, u^2 dv_g}{\left(\int_M |u|^{2^*} dv_g\right)^{2/2^*}}\right) \le \mathcal{A}_0(n)^{-1}$$

seja qual for a variedade M e qual for a função f. Com isso, temos

$$\begin{aligned}
\mu_{g,F,G} &= \inf_{H_k^{1,2}(M)-\{0\}} \left(J_{g,F,G}(U)\right) \le \inf_{H^{1,2}(M)-\{0\}} \left(J_{g,F,G}(t_0 u)\right) \\
&= \inf_{H^{1,2}(M)-\{0\}} \left(J_{g,f_{t_0}}(u)\right) M_F^{-2/2^*} \le \left(M_F^{2/2^*} \mathcal{A}_0(n)\right)^{-1},
\end{aligned}$$

e isto juntamente com o item (i) da definição 1 nos diz que se G é crítica para g segundo F então

$$\mu_{g,F,G} = \left(M_F^{2/2^*} \mathcal{A}_0(n)\right)^{-1}.$$

Resta-nos apenas ajustarmos o item (ii) da definição 1. Mas este é um trabalho simples, uma vez que:

$$\begin{aligned}
& \tilde{G} \text{ como em } (ii) \text{ na definição 1 tal que } (C_g^{F,\tilde{G}}) \text{ é falsa} \\
\Leftrightarrow\ & \exists U_{\tilde{G}} \in H_k^{1,2}(M) \text{ tal que} \\
& \left(\int_M F(U_{\tilde{G}})\, dv_g\right)^{2/2^*} > M_F^{2/2^*} \mathcal{A}_0(n) \left[\int_M |\nabla_g U_{\tilde{G}}|^2\, dv_g + \int_M \tilde{G}(x, U_{\tilde{G}})\, dv_g\right] \\
\Leftrightarrow\ & J_{g,F,\tilde{G}}(U_{\tilde{G}}) < \left(M_F^{2/2^*} \mathcal{A}_0(n)\right)^{-1} \\
\Leftrightarrow\ & \mu_{g,F,G} < \left(M_F^{2/2^*} \mathcal{A}_0(n)\right)^{-1}.
\end{aligned}$$

E assim estamos em condições de formular a seguinte definição equivalente à definição 1 :

Definição 2 *Sejam (M, g) variedade riemanniana, suave, compacta e $F : \mathbb{R}^k \to \mathbb{R}$ função suave, positiva e 2^*- homogênea $(k > 1)$. Uma dada função $G : M \times \mathbb{R}^k \to \mathbb{R}$ suave e $2-$ homogênea na segunda variável será dita ser*

(i) ***Subcrítica*** *para g segundo F se $\mu_{g,F,G} < \left(M_F^{2/2^*} \mathcal{A}_0(n)\right)^{-1}$,*

(ii) ***Fracamente crítica*** *para g segundo F se $\mu_{g,F,G} = \left(M_F^{2/2^*} \mathcal{A}_0(n)\right)^{-1}$ e*

(iii) ***Crítica*** *para g segundo F se for fracamente crítica para g segundo F e se para toda $\tilde{G} : M \times \mathbb{R}^k \to \mathbb{R}$ suave e $2-$ homogênea na segunda variável, com $\tilde{G} \le G$, $\tilde{G} \not\equiv G$ tivermos que $\tilde{G}$ é subcrítica para g segundo F.*

Com esta definição, alcançamos o propósito desta primeira seção e, por isso, fechando-a. Na próxima seção discutiremos propriedades das funções críticas e provaremos alguns resultados.

3.2 Propriedades das Funções Críticas

A primeira indagação que trazemos da seção anterior e que surge naturalmente após serem dadas definições em matemática é, logicamente, a respeito de existências. No nosso caso, de existência de funções críticas. Será que existe alguma? A resposta começa a ser dada na seguinte proposição, porém antes de irmos a ela, notamos que ao longo de toda a seção, sempre que aparecer F, estaremos falando de uma função $F : \mathbb{R}^k \to \mathbb{R}$ suave, positiva e 2^*- homogênea. O mesmo é válido para (M, g) variedade riemanniana, suave e compacta.

Proposição 9 *Seja $H : M \times \mathbb{R}^k \to \mathbb{R}$ função suave, positiva e $2-$ homogênea na segunda variável. Defina $G : M \times \mathbb{R}^k \to \mathbb{R}$ por*

$$G(x,t) = \frac{\mathcal{B}_0(g, F, H)}{M_F^{2/2^*} \mathcal{A}_0(n)} H(x,t).$$

Então G é fracamente crítica para g segundo F.

Se, além disso, existir uma aplicação $U_0 \in H_k^{1,2}(M) - \{0\}$ que seja extremal para $(J_{g,opt}^{F,H})$. Então a função G será uma aplicação crítica para g segundo F.

Prova. Temos que $\forall U \in H_k^{1,2}(M)$,

$$\left(\int_M F(U)\, dv_g\right)^{2/2^*} \leq M_F^{2/2^*}\mathcal{A}_0(n)\int_M |\nabla_g U|^2 dv_g + \mathcal{B}_0(g,F,H)\int_M H(x,U)\, dv_g$$

que é a desigualdade ótima de Sobolev vetorial para F e H. Considerando agora $U \in H_k^{1,2}(M) - \{0\}$,

$$\begin{aligned}\left(M_F^{2/2^*}\mathcal{A}_0(n)\right)^{-1} &\leq \frac{\int_M |\nabla_g U|^2 dv_g + \frac{\mathcal{B}_0(g,F,H)}{M_F^{2/2^*}\mathcal{A}_0(n)}\int_M H(x,U)\, dv_g}{\left(\int_M F(U)\, dv_g\right)^{2/2^*}} \\ &= \frac{\int_M |\nabla_g U|^2 dv_g + \int_M G(x,U)\, dv_g}{\left(\int_M F(U)\, dv_g\right)^{2/2^*}}.\end{aligned}$$

Passando ao ínfimo em $H_k^{1,2}(M) - \{0\}$ temos $\left(M_F^{2/2^*}\mathcal{A}_0(n)\right)^{-1} \leq \mu_{g,F,G} \leq \left(M_F^{2/2^*}\mathcal{A}_0(n)\right)^{-1}$, ou seja,

$$\mu_{g,F,G} = \left(M_F^{2/2^*}\mathcal{A}_0(n)\right)^{-1}.$$

Exemplos para H seriam $H(x,t) = \beta(x)\sum_{i=1}^k |t_i|^2$, com $\beta \in C^\infty(M)$, $\beta > 0$.

Agora, seja $\tilde{G} : M \times \mathbb{R}^k \to \mathbb{R}$ suave e $2-$ homogênea na segunda variável, com $\tilde{G} \leq G$, $\tilde{G} \not\equiv G$. Então temos que

$$\int_M \tilde{G}(x,U_0)\, dv_g < \int_M G(x,U_0)\, dv_g,$$

e portanto,

$$\begin{aligned}\mu_{g,F,\tilde{G}} &\leq \frac{\int_M |\nabla_g U_0|^2 dv_g + \int_M \tilde{G}(x,U_0)\, dv_g}{\left(\int_M F(U_0)\, dv_g\right)^{2/2^*}} < \frac{\int_M |\nabla_g U_0|^2 dv_g + \int_M G(x,U_0)\, dv_g}{\left(\int_M F(U_0)\, dv_g\right)^{2/2^*}} \\ &= \frac{\int_M |\nabla_g U_0|^2 dv_g + \frac{\mathcal{B}_0(g,F,H)}{M_F^{2/2^*}\mathcal{A}_0(n)}\int_M H(x,U_0)\, dv_g}{\left(\int_M F(U_0)\, dv_g\right)^{2/2^*}} = \left(M_F^{2/2^*}\mathcal{A}_0(n)\right)^{-1}\end{aligned}$$

já que U_0 é extremal para a desigualdade ótima de Sobolev vetorial. Assim, em resumo,

$$\mu_{g,F,\tilde{G}} < \left(M_F^{2/2^*}\mathcal{A}_0(n)\right)^{-1}$$

e, dada a arbitrariedade de $\tilde{G}$, segue que G é função crítica para g segundo F.

Uma maneira de buscarmos por exemplos de funções críticas é inspirarmo-nos na proposição acima juntamente com o teorema da dualidade. Como ela nos diz que basta que encontremos uma aplicação extremal para $(J_{g,opt}^{F,G})$ então, olhando para o teorema da dualidade (pág.4), encontramos outra fonte de extremais tomando uma variedade riemanniana (M,g), $\dim M \geq 4$ que possua função curvatura escalar não-positiva, $S_{\tilde{g}} \leq 0$ (se necessário, após uma mudança conforme de métrica, o que é possível pelos desenvolvimentos apresentados por exemplo em [14]). Temos então que

$$\mathcal{B}_0(\tilde{g},F,H)\min_M H(x,t_0) > \frac{(n-2)}{4(n-1)}M_F^{2/2^*}\mathcal{A}_0(n)\max_M S_{\tilde{g}},$$

$\forall t_0 \in \mathbb{S}_2^{k-1}$tal que $F(t_0) = M_F$. Ora, neste caso, o teorema da dualidade afirma que $(J_{g,opt}^{F,G})$ possuirá aplicação extremal U_0. Portanto, pondo $G = \frac{\mathcal{B}_0(\tilde{g},F,H)}{M_F^{2/2^*}\mathcal{A}_0(n)} H$ temos tantas funções críticas para $\tilde{g}$ segundo F quantas funções H, nas nossas hipóteses, forem possíveis. Para maiores informações à respeito da existência de extremais para a desigualdade ótima de Sobolev vetorial, ver as referências [5] e [12].

Ainda caminhando em direção à "montagem"de funções críticas, fazemos uma parada para introduzir o importante conceito de aplicação extremal que, à semelhança das desigualdades ótimas de Sobolev, é uma aplicação de $H_k^{1,2}(M)$ que realiza o ínfimo $\mu_{g,F,G}$. Tecnicamente, temos a

Definição 3 *Sejam (M,g) variedade riemanniana, suave, compacta, G função fracamente crítica para g segundo F. Uma aplicação $U_0 \in H_k^{1,2}(M) - \{0\}$ será dita ser uma* ***aplicação extremal para*** *G (segundo a métrica g) se*

$$J_{g,F,G}(U_0) = \left(M_F^{2/2^*}\mathcal{A}_0(n)\right)^{-1}.$$

Perceba que, com esta definição, se existir U_0 extremal para G, fracamente crítica para g segundo F, então podemos agir semelhantemente à última parte da demonstração da proposição 9 e concluir que G é crítica para g segundo F, ou seja, temos imediatamente o

Corolário 1 *Sejam (M,g) variedade riemanniana, suave, compacta e G função fracamente crítica para g segundo F. Se existir uma aplicação extremal U_0 para G então G é aplicação* ***crítica*** *para g segundo F.*

Outra informação importante sobre aplicações extremais é a de que uma aplicação extremal satisfaz, no sentido fraco ao menos, um sistema de equações. Em termos mais precisos: Dada G função crítica para g segundo F então uma aplicação $U_0 = (u_1, \cdots, u_k) \in H_k^{1,2}(M) - \{0\}$ será uma aplicação extremal para G *se, e somente se* U_0 satisfizer

$$\begin{cases} -\Delta_g u_i + \frac{1}{2}\frac{\partial G(x,U_0)}{\partial t_i} = \frac{\left(M_F^{2/2^*}\mathcal{A}_0(n)\right)^{-1}}{2^*}\frac{\partial F(U_0)}{\partial t_i} \text{ em } M & i = 1,...,k \\ \int_M F(U_0)\,dv_g = 1. \end{cases} \qquad (S)$$

Para verificar este fato primeiramente note que como U_0 é aplicação extremal para G então podemos supor que

$$\int_M F(U_0)\,dv_g = 1,$$

pois, caso contrário, ou seja, caso $\int_M F(U_0)\,dv_g = c > 0$, $c \neq 1$, tomamos $\tilde{U}_0 = \frac{U_0}{c^{1/2^*}}$. Assim,

$$\int_M F\left(\tilde{U}_0\right)dv_g = \int_M F\left(\frac{U_0}{c^{1/2^*}}\right)dv_g = \frac{1}{c}\int_M F(U_0)\,dv_g = 1.$$

Além do mais, se U_0 é extremal para G então λU_0, $\lambda > 0$, também é extremal para G, uma vez que

$$\begin{aligned} \frac{\int_M |\nabla_g(\lambda U_0)|^2\,dv_g + \int_M G(x,\lambda U_0)\,dv_g}{\left(\int_M F(\lambda U_0)\,dv_g\right)^{2/2^*}} &= \frac{\lambda^2\int_M |\nabla_g U_0|^2\,dv_g + \int_M \lambda^2 G(x,U_0)\,dv_g}{\lambda^2\left(\int_M F(U_0)\,dv_g\right)^{2/2^*}} \\ &= \left(M_F^{2/2^*}\mathcal{A}_0(n)\right)^{-1}. \end{aligned}$$

Continuando, multiplique o sistema (S) por cada u_i e some as equações obtendo

$$\sum_{i=1}^{k}\left[-\Delta_g(u_i)\,u_i+\frac{1}{2}\frac{\partial G(x,U_0)}{\partial t_i}u_i\right]=\sum_{i=1}^{k}\left[\frac{\left(M_F^{2/2^*}\mathcal{A}_0(n)\right)^{-1}}{2^*}\frac{\partial F(U_0)}{\partial t_i}u_i\right]$$

o que nos dá, pela proposição 21 (ver apêndice 2) que

$$\sum_{i=1}^{k}\left[-\Delta_g(u_i)\,u_i\right]+G(x,U_0)=\left(M_F^{2/2^*}\mathcal{A}_0(n)\right)^{-1}F(U_0)$$

Integrando sobre M cada lado desta igualdade e aplicando integração por partes,

$$\int_M|\nabla_g U_0|^2\,dv_g+\int_M G(x,U_0)\,dv_g=\left(M_F^{2/2^*}\mathcal{A}_0(n)\right)^{-1}\int_M F(U_0)\,dv_g.$$

Como $\int_M F(U_0)\,dv_g=1$ então podemos ver que

$$U_0 \text{ é solução fraca de } (S)\Leftrightarrow U_0 \text{ é extremal para } G.$$

Com isso, podemos formular a seguinte

Definição 4 *Sejam (M,g) variedade riemanniana, suave, compacta, $F:\mathbb{R}^k\to\mathbb{R}$ função suave, positiva e 2^*- homogênea e G função fracamente crítica para g segundo F. Uma aplicação $U_0\in H_k^{1,2}(M)-\{0\}$ será dita ser uma* ***aplicação extremal para*** *G se for uma solução fraca para o sistema (S).*

Note que as regularidades de F e de G foram fundamentais para a formulação desta definição.

A seguir, apresentaremos outro resultado de fácil demonstração, porém fundamental no decorrer da tese. Note também que aparentemente estaremos "quebrando"a discussão sobre extremais, no entanto, a inserção deste resultado neste ponto faz-se necessária para a inclusão do próximo, este sim voltando a citar extremais.

Proposição 10 *Seja G função fracamente crítica para g segundo F. Tome $t_0\in\mathbb{S}_2^{k-1}$ tal que $F(t_0)=M_F$. Então*

$$G(.,t_0):M\to\mathbb{R}$$

é função escalar fracamente crítica para g.

Prova. Ponha $f_{t_0}(x)=G(x,t_0)$. Como G é fracamente crítica para g segundo F então para cada $U\in H_k^{1,2}(M)-\{0\}$,

$$\left(M_F^{2/2^*}\mathcal{A}_0(n)\right)^{-1}\le\frac{\int_M|\nabla_g U|^2\,dv_g+\int_M G(x,U)\,dv_g}{\left(\int_M F(U)\,dv_g\right)^{2/2^*}}.$$

Tome $U_0=t_0u$, com $u\in H^{1,2}(M)-\{0\}$ qualquer. Assim,

$$\begin{aligned}\left(M_F^{2/2^*}\mathcal{A}_0(n)\right)^{-1}&\le\frac{\int_M|\nabla_g U_0|^2\,dv_g+\int_M G(x,U_0)\,dv_g}{\left(\int_M F(U_0)\,dv_g\right)^{2/2^*}}\\&=\frac{\int_M|\nabla_g t_0u|^2\,dv_g+\int_M G(x,t_0u)\,dv_g}{\left(\int_M F(t_0u)\,dv_g\right)^{2/2^*}}\\&=\frac{\int_M|\nabla_g u|^2\,dv_g+\int_M f_{t_0}u^2dv_g}{M_F^{2/2^*}\left(\int_M|u|^{2^*}\,dv_g\right)^{2/2^*}}\end{aligned}$$

portanto, passando ao ínfimo em $H^{1,2}(M) - \{0\}$,

$$(\mathcal{A}_0(n))^{-1} \leq \mu_{g,f_{t_0}} \leq (\mathcal{A}_0(n))^{-1}$$

o que garante que f_{t_0} é fracamente crítica para g.

Com isso podemos então apresentar a seguinte proposição que, sobre certas condições, nos diz qual é a "cara"das aplicações extremais.

Proposição 11 *Seja G função fracamente crítica para g segundo F. Suponha que $u_0 \in H^{1,2}(M) - \{0\}$ seja função extremal para $f_{t_0}(x) = G(x, t_0)$, onde $t_0 \in \mathbb{S}_2^{k-1}$ é tal que $F(t_0) = M_F$. Então*

$$U_0 = t_0 u_0 \in H_k^{1,2}(M) - \{0\} \qquad (*)$$

é aplicação extremal para G.

Além disso, se tivermos que G é positiva e tal que $G(x, t_0) = \min_{\mathbb{S}_2^{k-1}} G(x,t)$ para todo $x \in M$, então existirá extremal u_0 para f_{t_0} e toda aplicação extremal para G será da forma $(*)$.

Prova. Queremos mostrar que $J_{g,F,G}(U_0) = \left(M_F^{2/2^*}\mathcal{A}_0(n)\right)^{-1}$. Ora,

$$\begin{aligned} J_{g,F,G}(U_0) &= \frac{\int_M |\nabla_g(t_0u_0)|^2 dv_g + \int_M G(x, t_0u_0)\, dv_g}{\left(\int_M F(t_0u_0)\, dv_g\right)^{2/2^*}} \\ &= \frac{\int_M |\nabla_g u_0|^2 dv_g + \int_M f_{t_0}(x)\, u_0^2 dv_g}{M_F^{2/2^*}\left(\int_M |u_0|^{2^*} dv_g\right)^{2/2^*}}. \end{aligned}$$

Mas, pela proposição anterior, f_{t_0} é fracamente crítica para g (pois G o é!) e u_0 é extremal para f_{t_0}, logo

$$\frac{\int_M |\nabla_g u_0|^2 dv_g + \int_M f_{t_0}(x)\, u_0^2 dv_g}{\left(\int_M |u_0|^{2^*} dv_g\right)^{2/2^*}} = (\mathcal{A}_0(n))^{-1},$$

e por conseguinte

$$J_{g,F,G}(U_0) = \left(M_F^{2/2^*}\mathcal{A}_0(n)\right)^{-1}.$$

Provemos agora a segunda parte. Suponha G positiva tal que $G(x, t_0) = \min_{\mathbb{S}_2^{k-1}} G(x,t)$ para todo $x \in M$. Desta forma, temos que

$$G(x, t_0) \leq G\left(x, \frac{t}{|t|}\right) = \frac{1}{|t|^2} G(x,t)$$

ou melhor,

$$\sum_{i=1}^{k} |t_i|^2 f_{t_0}(x) \leq G(x,t), \ \forall (x,t) \in M \times \mathbb{R}^k.$$

Por outro lado, $\forall U \in H_k^{1,2}(M) - \{0\}$, temos pela proposição 20, pela desigualdade de Minkowski e pela desigualdade obtida acima que

$$\begin{aligned}\left(\int_M F(U)\,dv_g\right)^{2/2^*} &\leq M_F^{2/2^*}\left(\int_M \left(\sum_{i=1}^k u_i^2\right)^{2^*/2} dv_g\right)^{2/2^*}\\ &\leq M_F^{2/2^*}\sum_{i=1}^k \left(\int_M |u_i|^{2^*}\,dv_g\right)^{2/2^*}\\ &\leq M_F^{2/2^*}\mathcal{A}_0(n)\left[\sum_{i=1}^k \int_M |\nabla_g u_i|^2\,dv_g + \int_M f_{t_0}(x)\sum_{i=1}^k u_i^2 dv_g\right]\\ &\leq M_F^{2/2^*}\mathcal{A}_0(n)\left[\int_M |\nabla_g U|^2\,dv_g + \int_M G(x,U)\,dv_g\right].\end{aligned}$$

Agora, se $U_0 \in H_k^{1,2}(M) - \{0\}$ for extremal para G então as desigualdades acima são igualdades. Assim, da segunda igualdade concluímos que

$$U_0 = \tilde{t}.\tilde{u}.$$

Voltando à primeira, que $F\left(\tilde{t}\right) = F(t_0) = M_F$, e podemos por $\tilde{t} = t_0$. A terceira implica que $\tilde{u}$ é extremal para f_{t_0}. Finalizando a prova.

Observe que qualquer G cujo valores em $M \times \mathbb{S}_2^{k-1}$ não dependam de $t \in \mathbb{S}_2^{k-1}$ que possua extremal os terá como apenas na forma $U_0 = t_0 u_0$. Vejamos, a seguir, dois exemplos. O primeiro volta a levantar uma construção de aplicação crítica que difere da exposta logo após a proposição 9. O segundo refere-se à esta última proposição. Nele exporemos as bases sobre o caso em que a nossa variedade (M, g) é conformalmente difeomorfa à $(\mathbb{S}^n, h)$. Problema este, não tratado neste trabalho. Vale ressaltar aqui, a título de informação apenas, que duas variedades (M_1, g_1) e (M_2, g_2) riemannianas serão ditas serem conformalmente difeomorfas se existir um difeomorfismo $\phi : M_1 \to M_2$ tal que

$$\phi^* g_2 \in [g_1],$$

onde $\phi^* g_2(p)(u,v) = g_2(\phi(p))\left(d\phi_p u, d\phi_p v\right)$, $\forall u, v \in T_p M_1$.

Exemplo 1 *Considere que nossa variedade riemannian (M, g), $\dim M \geq 4$, seja tal que*

$$\mathcal{B}_0(g) = \frac{n-2}{4(n-1)}\mathcal{A}_0(n)\max_M S_g$$

e que a desigualdade ótima de Sobolev escalar admita função extremal u_0. Para confirmar que isto é possível veja [5]. Tome $H : M \times \mathbb{R}^k \to \mathbb{R}$ tal que

$$H(x,t) = \sum_{i,j=1}^k a_{ij}(x)\,|t_i|\,|t_j|$$

com as funções suaves $a_{ij} \geq 0$, para algum $l \in \{1, ..., k\}$, $a_{ll} = c > 0$ uma constante e $a_{ii} \geq a_{ll}$ para todo i. Perceba então que $\forall x \in M$,

$$a_{ll}\,|t|^2 \leq \sum_{i=1}^k a_{ii}(x)\,|t_i|^2 \leq \sum_{i,j=1}^k a_{ij}(x)\,|t_i|\,|t_j|.$$

Deste modo, temos claramente que $\min_{M\times\mathbb{S}_2^{k-1}} H = a_{ll}$.

Por outro lado, se considerarmos F *de tal modo que* $F(e_l) = M_F$, $e_l = (0,0,...,0,1,0,...,0)$, *então temos que* $\max_M H(x,e_l) = a_{ll}$. *Logo pela proposição* 1 *chegamos a*

$$\mathcal{B}_0(g,F,H) = \frac{M_F^{2/2^*}\mathcal{B}_0(g)}{a_{ll}}.$$

Por outro lado, tomando $U_0 = e_l u_0$ *segue, de cálculos semelhantes aos feitos na proposição anterior que* U_0 *é extremal para* $(J_{g,opt}^{F,G})$. *Pondo então*

$$G(x,t) = \frac{\mathcal{B}_0(g)}{a_{ll}\mathcal{A}_0(n)}H(x,t)$$

segue da proposição 9 *que* G *é função crítica para* g *segundo* F.

Como já dito, este próximo exemplo versa sobre a proposição 11, vejamos.

Exemplo 2 (***"Meio Exemplo"***) : *Seja* $(\mathbb{S}^n,h)$, $n\geq 4$, *a esfera unitária com sua métrica padrão. Tome* $g\in[h]$ *e escreva* $g=\varphi^{2^*-2}h$. *Temos então que por reformulações diretas de resultados bem conhecidos na esfera, ver* [2] *e* [18], *que existe uma única função escalar crítica para* g, *a saber,*

$$f_g(x) = \frac{n-2}{4(n-1)}S_g$$

e que f_g *possui extremais da forma*

$$u = \lambda\varphi^{-1} \text{ ou } u = \lambda\varphi^{-1}(\beta-\cos r)^{1-\frac{n}{2}}$$

onde $\lambda\neq 0$, $\beta > 1$ *e* r *é a distância com respeito a* h *a algum ponto fixado de* $\mathbb{S}^n$. *Neste caso então, definindo*

$$G(x,t) = \frac{n-2}{4(n-1)}S_g\,|t|^2$$

podemos por $f_g(x) = G(x,t_0)$, *onde* $t_0\in\mathbb{S}_2^{k-1}$ *é tal que* $F(t_0) = M_F$. *Assim,*

$$U_0 = t_0\lambda\varphi^{-1} \text{ ou } U_0 = t_0\lambda\varphi^{-1}(\beta-\cos r)^{1-\frac{n}{2}}$$

seriam, como é fácil verificar, aplicações extremais para G. *No entanto, a proposição anterior exige que* G *seja função fracamente crítica para* g *segundo* F *e esta informação ainda permanece em aberto. Na verdade, acreditamos na validade da seguinte afirmação,*

(*i*) ***Em*** $(\mathbb{S}^n,g)$ ***com*** $n\geq 4$ ***e*** $g=\varphi^{2^*-2}h$, ***a função*** G ***definida acima é função crítica para*** g ***segundo*** F (***será única?***).

Perceba então que basta mostrar que G *é fracamente crítica para* g *independentemente de* F, *uma vez que com isso e com as aplicações extremais acima concluiríamos a criticidade de* G *para* g. *A prova desta afirmação provavelmente virá de argumentos semelhantes aos que foram utilizados para provar a conjectura de Yamabe, ver* [2], [21], [25]. *Mas isto, atualmente, é apenas especulação de nossa parte. Vale ressaltar que este resultado, se provado, facilitará em muito o estudo do teorema de dualidade sobre variedades conformalmente difeomorfas à* $\mathbb{S}^n$, *aliás, como já dito na introdução desta tese, uma parte do estudo vetorial ainda inexplorado.*

Ainda falando sobre o exemplo anterior, surge a pergunta: Apenas aquele citado fato da teoria escalar nos motivou a levantar tal suspeita (i)? A resposta é não! Na realidade temos que em uma variedade (M,g), compacta e não conformalmente difeomorfa à esfera $(\mathbb{S}^n,h)$ a função f_g é subcrítica para g (ver [10] ou [19]). Deste resultado temos a seguinte proposição, esta sim, somada à informação escalar, fazem um motivante para a afirmação (i) acima.

Proposição 12 *Em uma variedade (M,g), compacta,* dim $M=n\geq 4$, *não conformalmente difeomorfa à esfera unitária $(\mathbb{S}^n,h)$ temos que*

(i) Toda função G fracamente crítica para g segundo F satisfaz, $G\geq\frac{n-2}{4(n-1)}\max_M(S_g)|t|^2$ com $G\not\equiv\frac{n-2}{4(n-1)}\max_M(S_g)|t|^2$.

(ii) A função $G=\frac{n-2}{4(n-1)}S_g|t|^2$ é subcrítica para g segundo F.

Prova. (i) Suponha, por absurdo, que $\forall x\in M$ e $\forall t\in\mathbb{R}^k$,

$$G(x,t)<\frac{n-2}{4(n-1)}\max_M(S_g(x))|t|^2. \qquad (*)$$

Tomando em particular $t_0\in\mathbb{S}_2^{k-1}$ tal que $F(t_0)=M_F$ temos $G(x,t_0)<\frac{n-2}{4(n-1)}S_g(x)$. Ora, sendo G função fracamente crítica para g segundo F sabemos, pela proposição 10, que $G(.,t_0)$ é fracamente crítica para g.

Por outro lado, e nas condições desta proposição, é conhecido que toda função escalar f fracamente crítica para g satisfaz $\forall x\in M$,

$$f(x)\geq\frac{n-2}{4(n-1)}S_g(x).$$

Na verdade, as contas desta última afirmação podem ser encontradas em [13], com a ressalva de que lá elas estão feitas para uma constante α ao invés de uma função f, porém as idéias são facilmente adaptáveis para f.

Voltando à prova segue em particular que a desigualdade acima vale para $G(.,t_0)$.Juntando as informações, temos que $\forall x\in M$,

$$\frac{n-2}{4(n-1)}S_g(x)\leq G(x,t_0)<\frac{n-2}{4(n-1)}\max_M(S_g(x))$$

ou seja,

$$S_g(x)<\max_M(S_g(x)),\ \forall x\in M$$

o que é um absurdo pois M é variedade compacta e portanto atinge o máximo em algum ponto $\tilde{x}$, $S_g(\tilde{x})=\max_M(S_g(x))$. Logo, $(*)$ não ocorre.

Mostremos agora o segundo item.

(ii) Suponha por contradição que G seja função fracamente crítica para g segundo uma dada F qualquer (nas hipóteses da sessão, claro). Pela proposição 10, para um $t_0\in\mathbb{S}_2^{k-1}$ tal que $F(t_0)=M_F$, $G(.,t_0)$ é fracamente crítica para g. Mas, sendo (M,g) não conformalmente difeomorfa à esfera, já sabemos que $G(.,t_0)$ é subcrítica para g. Absurdo pois uma função não pode ser fracamente crítica e subcrítica ao mesmo tempo. Finalizando a prova. ∎

Relacionado com a proposição anterior, um resultado que inicialmente era nosso objeto de pesquisa mais profunda e que depois acabou verificando-se numa fácil consequência dos resultados escalares é a

Proposição 13 *Seja (M, g) riemanniana, suave, compacta, não conformalmente difeomorfa à $(\mathbb{S}^n, h)$ e com dimensão $n \geq 4$. Seja*

$$G(x,t) > \frac{n-2}{4(n-1)} S_g |t|^2$$

fracamente crítica para g segundo F. Então G é crítica para g segundo F e possui extremal $U \in H_k^{1,2}(M)$.

Prova. Tomando $t_0 \in \mathbb{S}_2^{k-1}$ tal que $F(t_0) = M_F$ então pela proposição 10 temos que $G(., t_0)$ é função escalar crítica para g e satisfaz $G(x, t_0) > \frac{n-2}{4(n-1)} S_g$. Assim, teorema 3 de [18] garante que existe extremal $u \in H^{1,2}(M)$ para $G(., t_0)$. Sabemos pela proposição 11 que $U = t_0 u \in H_k^{1,2}(M)$ é extremal para G. Finalmente, pelo corolário 1, concluímos que G é crítica para g segundo F. Como queríamos.

Outra propriedade interessante aparece na seguinte

Proposição 14 *Seja (M, g) variedade riemanniana compacta e suave. Se uma dada função $G : M \times \mathbb{R}^k \to \mathbb{R}$ suave e $2-$ homogênea na segunda variável é fracamente crítica para g segundo F então toda função $\tilde{G} : M \times \mathbb{R}^k \to \mathbb{R}$ suave e $2-$ homogênea na segunda variável tal que $\tilde{G} \geq G$ é fracamente crítica para g segundo F.*

Prova. Temos que $\forall U \in H_k^{1,2}(M)$,

$$\int_M G(x, U)\, dv_g \leq \int_M \tilde{G}(x, U)\, dv_g$$

e portanto,

$$J_{g,F,G}(U) \leq J_{g,F,\tilde{G}}(U).$$

Passando ao ínfimo em $H_k^{1,2}(M) - \{0\}$,

$$\left(M_F^{2/2^*} \mathcal{A}_0(n)\right)^{-1} = \mu_{g,F,G} \leq \mu_{g,F,\tilde{G}} \leq \left(M_F^{2/2^*} \mathcal{A}_0(n)\right)^{-1}$$

ou seja $\mu_{g,F,\tilde{G}} = \left(M_F^{2/2^*} \mathcal{A}_0(n)\right)^{-1}$, como queríamos.

Surgindo como uma consequência destas últimas proposições temos o fato de que, grosseiramente falando, para uma função $H : \mathbb{R}^k \to \mathbb{R}$ suave, positiva e $2-$ homogênea, a função

$$G(t) = \frac{\mathcal{B}_0(g, F, H)}{M_F^{2/2^*} \mathcal{A}_0(n)} H(t)$$

é a menor função crítica constante em x que pode-se ter. Aqui, claro, existem condições sobre a dupla (M, g) em questão, explicitadas na seguinte

Proposição 15 *Seja (M, g) variedade riemanniana compacta, suave, de dimensão $n \geq 4$ não conformalmente difeomorfa à esfera $(\mathbb{S}^n, h)$. Suponha adicionalmente que S_g seja constante (veja Obs. abaixo). Dada $H : \mathbb{R}^k \to \mathbb{R}$ suave, positiva e $2-$ homogênea temos que*

$$G(t) = \frac{\mathcal{B}_0(g, F, H)}{M_F^{2/2^*} \mathcal{A}_0(n)} H(t)$$

é a menor função crítica para g segundo F que não depende de x.

Prova. Basta provarmos que G é crítica para g segundo F. Claramente pela proposição 9 temos que G é fracamente crítica para g segundo F. Por outro lado, sendo (M,g) não conformalmente difeomorfa à $(\mathbb{S}^n, h)$ então pela proposição 12, item (ii), temos que $\frac{n-2}{4(n-1)}S_g |t|^2$ é subcrítica para g segundo F. Consequentemente, pela proposição anterior

$$\frac{\mathcal{B}_0(g,F,H)}{M_F^{2/2^*}\mathcal{A}_0(n)} H(t) > \frac{n-2}{4(n-1)} S_g |t|^2$$

pelo menos para quase todo ponto $t \in \mathbb{R}^k$. Em particular, pela proposição 10 e pelo fato de S_g ser constante temos em particular que

$$\frac{\mathcal{B}_0(g,F,H)}{M_F^{2/2^*}\mathcal{A}_0(n)} H(t_0) > \frac{n-2}{4(n-1)} S_g$$

onde, lembrando, $t_0 \in \mathbb{S}_2^{k-1}$ é tal que $F(t_0) = M_F$. Reescrevendo de modo conveniente temos

$$\mathcal{B}_0(g,F,H) \min_M H(t_0) > \frac{n-2}{4(n-1)} M_F^{2/2^*} \mathcal{A}_0(n) \max_M S_g$$

e portanto, pelo teorema da dualidade segue que existe extremal U_0 para a desigualdade $(J_{g,opt}^{F,H})$. Agora pela parte final da proposição 10 segue que G é crítica para g segundo F.

Obs.: Com relação à possibilidade de sempre podermos encontrar na classe conforme de g uma métrica $\tilde{g}$ tal que $S_{\tilde{g}}$ seja constante citamos os artigos que compõe o chamado "O Problema de Yamabe". São eles as referências [2], [21], [22], [24] e [25]. Nestes artigos resolveu-se completamente o problema de Yamabe e provou-se que se a variedade for fechada então é possível encontrar tal métrica $\tilde{g}$. Para uma última referência que, de certo modo, engloba todas as citadas logo acima, recomendamos [20].

Esta última proposição faz com que surja naturalmente a seguinte questão: Dada uma função G fracamente crítica para g segundo F, será que existe uma função $G_0 \leq G$ tal que G_0 é crítica para g segundo F? Sobre quais condições, ao menos, temos tal assertiva verdadeira? A resposta é dada na seguinte

Proposição 16 *Seja (M,g) suave, riemanniana e compacta. Dada G função fracamente crítica para g segundo F então existe $G_0 \in L^\infty\left(M \times \mathbb{S}_2^{k-1}\right)$, $G_0 \leq G$, "crítica"para g segundo F.*

A palavra crítica está citada entre aspas no enunciado pois a função $G_0 \in L^\infty\left(M \times \mathbb{S}_2^{k-1}\right)$, o que foge da definição de função crítica que exige a suavidade como propriedade.

Prova. Dentre todas as funções $H : M \times \mathbb{R}^k \to \mathbb{R}$, 2− homogêneas na segunda variável, defina o conjunto

$$S_F = \left\{ H \in L^\infty\left(M \times \mathbb{S}_2^{k-1}\right); \frac{n-2}{4(n-1)} S_g |t|^2 \leq H \leq G \text{ e } \mu_{g,F,H} = \left(M_F^{2/2^*}\mathcal{A}_0(n)\right)^{-1} \right\},$$

com a relação de ordem: $H_1 \leq H_2 \in S_F \Leftrightarrow H_1(x,t) \leq H_2(x,t)\ qtp\left(M \times \mathbb{R}^k\right)$. Seja C uma cadeia em S_F, digamos que $C = (H_\alpha)_{a \in \mathcal{I}}$, onde $\mathcal{I}$ é um conjunto de índices. Ponha, para quase todo ponto $(x,t) \in M \times \mathbb{R}^k$,

$$\tilde{H}(x,t) = \inf_{\mathcal{I}} H_\alpha(x,t).$$

Temos, obviamente, que

$$\tilde{H} \in L^\infty\left(M \times \mathbb{R}^k\right) \text{ e } \frac{n-2}{4(n-1)} S_g |t|^2 \leq \tilde{H} \leq G.$$

Seja $(H_n) \subset (H_\alpha)$ tal que

$$(i)\ H_n(x,t) \to \tilde{H}(x,t)\ qtp\left(M \times \mathbb{R}^k\right) \text{ e}$$
$$(ii) \text{ Para cada } U \in H_k^{1,2}(M),\ |H_n(x,U)| \leq \hat{H}(x,U) \in L^1(M).$$

Note que (ii) é possível pois H_n satisfaz a desigualdade que aparece em S_F. Nestas condições temos para cada $U \in H_k^{1,2}(M)$ e pelo teorema da convergência dominada de Lebesgue que

$$\int_M H_n(x,U)\,dv_g \to \int_M \tilde{H}(x,U)\,dv_g$$

e portanto $J_{g,F,H_n}(U) \to J_{g,F,\tilde{H}}(U)$ para toda $U \in H_k^{1,2}(M) - \{0\}$. Consequentemente

$$\left(M_F^{2/2^*}\mathcal{A}_0(n)\right)^{-1} = \mu_{g,F,H_n} \to \mu_{g,F,\tilde{H}}$$

Logo, $\tilde{H} \in S_F$ é cota inferior de C. Sendo C arbitrária, segue que toda cadeia possui uma cota inferior. Pelo Lema de Zorn, existe $G_0 \in S_F$ tal que G_0 é elemento mínimo de S_F. Seja agora $H \leq G_0$, $H \not\equiv G_0$. Então pela minimalidade de G_0, temos que

$$H(x,t) < \frac{n-2}{4(n-1)}S_g|t|^2 \text{ ou } \mu_{g,F,H} < \left(M_F^{2/2^*}\mathcal{A}_0(n)\right)^{-1}.$$

Ora, se $H(x,t) < \frac{n-2}{4(n-1)}S_g|t|^2$ então $\mu_{g,F,H} < \left(M_F^{2/2^*}\mathcal{A}_0(n)\right)^{-1}$ pois se este não fosse o caso, isto é, se H fosse fracamente crítica para g segundo F então pela proposição 10, $H(x,t_0)$ seria escalar crítica para g, onde $F(t_0) = M_F$ e $H(x,t_0) < \frac{n-2}{4(n-1)}S_g$, o que implica, por [2], que $\mu_{g,H(.,t_0)} < \mathcal{A}_0(n)^{-1}$. Absurdo. Desta forma, temos em qualquer caso que

$$\mu_{g,F,H} < \left(M_F^{2/2^*}\mathcal{A}_0(n)\right)^{-1}.$$

Dada a arbitrariedade de H segue que G_0, a menos de regularidade, é crítica para g segundo F.

Claro que pode-se indagar, após a proposição anterior, se existe condição ao menos suficiente para que a função G_0 acima seja suave. A resposta é dada na seguinte

Proposição 17 *Seja (M,g) riemanniana, compacta e suave e não conformalmente difeomorfa à $(\mathbb{S}^n,h)$, de dimensão $n \geq 4$. Dada G fracamente crítica para g segundo F tal que*

$$G(x,t) > \frac{n-2}{4(n-1)}S_g|t|^2,$$

então existirá G_1 crítica para g segundo F.

Prova. Como (M,g) é não conformalmente difeomorfa à $(\mathbb{S}^n,h)$, então

$$\frac{n-2}{4(n-1)}S_g|t|^2$$

é subcrítica para g segundo F (proposição 12). Agora, para cada $\varepsilon \in [0,1]$ defina

$$\tilde{G}_\varepsilon(x,t) = \varepsilon G(x,t) + (1-\varepsilon)\frac{n-2}{4(n-1)}S_g|t|^2$$

e ponha $\varepsilon_0 = \sup\left\{\varepsilon \in [0,1] \,;\, \mu_{g,F.\tilde{G}_\varepsilon} < \left(M_F^{2/2^*}\mathcal{A}_0(n)\right)^{-1}\right\}$. Note que o conjunto não é vazio pois $\varepsilon = 0$ pertence a ele. Finalmente, ponha

$$G_\varepsilon = \tilde{G}_{\varepsilon\varepsilon_0}.$$

Desta forma,

$$\mu_{g,F,G_\varepsilon} < \left(M_F^{2/2^*}\mathcal{A}_0(n)\right)^{-1} \ \forall\varepsilon < 1 \text{ e } \mu_{g,F,G_1} = \left(M_F^{2/2^*}\mathcal{A}_0(n)\right)^{-1}.$$

Como $G > \frac{n-2}{4(n-1)}S_g|t|^2$, então

$$\begin{aligned} G_1 = \tilde{G}_{\varepsilon_0} &= \varepsilon_0 G + (1-\varepsilon_0)\frac{n-2}{4(n-1)}S_g|t|^2 \\ &> \varepsilon_0\frac{n-2}{4(n-1)}S_g|t|^2 + (1-\varepsilon_0)\frac{n-2}{4(n-1)}S_g|t|^2 = \frac{n-2}{4(n-1)}S_g|t|^2. \end{aligned}$$

Portanto, a proposição 13 nos diz que G_1 é crítica para g segundo F e possui extremal $U \in H_k^{1,2}(M)$. Além disso temos que

$$\frac{n-2}{4(n-1)}S_g|t|^2 \leq G_1 \leq G,$$

pois $\varepsilon_0 G + (1-\varepsilon_0)\frac{n-2}{4(n-1)}S_g|t|^2 \leq G \Leftrightarrow \frac{n-2}{4(n-1)}S_g|t|^2 \leq G$. Finalizando a prova desta proposição.

Mas, e quando a desigualdade for da forma $G(x,t) \geq \frac{n-2}{4(n-1)}S_g|t|^2$, ou seja, não estrita? O que podemos garantir neste caso é que $\forall\lambda > 0$, existirá G_λ crítica para g segundo F com extremal U_λ e tal que

$$\frac{n-2}{4(n-1)}S_g|t|^2 \leq G_\lambda \leq G + \lambda|t|^2,$$

pois $\tilde{G} = G + \lambda|t|^2 \geq G$ é fracamente crítica para g segundo F (proposição 14). Obviamente $\tilde{G} > \frac{n-2}{4(n-1)}S_g|t|^2$ e portanto a prova da proposição anterior se aplica novamente.

Para finalizar esta seção, apresentamos dois últimos resultados. O primeiro na verdade, trata-se de uma lei de transformação em que, sabendo que uma dada função G é crítica para g segundo F então podemos garantir que para cada métrica $\tilde{g} \in [g]$ existirá ao menos uma função crítica para $\tilde{g}$ segundo F. Este resultado será fundamental no desenvolvimento do Problema da Função Crítica Prescrita, cujos detalhes aparecem na próxima seção.

Proposição 18 *Dada (M,g) riemanniana, suave e compacta. Pondo $\tilde{g} \in [g]$ tal que $\tilde{g} = \varphi^{2^*-2}g$ então temos que uma dada função G é crítica para g segundo F se, e somente se a função*

$$H(x,t) = \frac{-\Delta_g\varphi|t|^2 + G(x,t)\varphi}{\varphi^{2^*-1}}$$

é crítica para g segundo F.

Prova. Repetindo as contas da afirmação 3.1 para G e H temos que $\forall U \in H_k^{1,2}(M) - \{0\}$,

$$J_{\tilde{g},F,\tilde{G}}\left(U\varphi^{-1}\right) = J_{g,F,G}(U)$$

e sendo $\varphi > 0$ temos que

$$\mu_{\tilde{g},F,\tilde{G}} = \mu_{g,F,G},$$

ou seja, se uma é fracamente crítica para a métrica segundo F então a outra também é fracamente crítica para a sua métrica segundo F. Resta-nos provar a criticidade. Vejamos.

Suponha G crítica para g segundo F. Seja $\tilde{H} \leq H$, $\tilde{H} \not\equiv H$. Lembrando que $\tilde{H} : M \times \mathbb{R}^k \to \mathbb{R}$ é suave e $2-$ homogênea na segunda variável. Assim,

$$\tilde{H} \leq \frac{-\Delta_g \varphi \, |t|^2 + G(x,t)\,\varphi}{\varphi^{2^*-1}}$$

ou seja,

$$\hat{H} = \frac{\tilde{H}\varphi^{2^*-1} + \Delta_g \varphi \, |t|^2}{\varphi} \leq G$$

e $\hat{H} \not\equiv G$, e como G é crítica para g segundo F então $\mu_{g,F,\hat{H}} < \left(M_F^{2/2^*} \mathcal{A}_0(n)\right)^{-1}$. Além disso, temos que

$$\tilde{H} = \frac{-\Delta_g \varphi \, |t|^2 + \hat{H}(x,t)\,\varphi}{\varphi^{2^*-1}}$$

e portanto $\forall U \in H_k^{1,2}(M) - \{0\}$, temos que $J_{\tilde{g},F,\tilde{H}}\left(U\varphi^{-1}\right) = J_{g,F,\hat{H}}(U)$, e como antes

$$\mu_{\tilde{g},F,\tilde{H}} = \mu_{g,F,\hat{H}} < \left(M_F^{2/2^*} \mathcal{A}_0(n)\right)^{-1}.$$

Sendo $\tilde{H}$ arbitrária, segue que H é crítica para $\tilde{g}$ segundo F.

De modo análogo, prova-se que sendo H crítica para $\tilde{g}$ segundo F então G é crítica para g segundo F. Finalizando a prova.

Equivalentemente, esta proposição poderia ser reescrita na seguinte forma,

$$G \text{ é crítica para } \tilde{g} \text{ segundo } F \Leftrightarrow G\varphi^{2^*-2} - \frac{\Delta_g \varphi}{\varphi} |t|^2 \text{ é crítica para } g \text{ segundo } F.$$

Já o segundo e derradeiro resultado está diretamente relacionado com a demonstração do Teorema 4. Trata-se da

Proposição 19 *Seja (M,g) variedade riemanniana suave, compacta, com dimensão $n \geq 4$. Suponha que exista um ponto $x_0 \in M$ tal que o tensor curvatura de Weyl de g é nulo numa vizinhança de x_0 (veja capítulo 4). Tome $f \in C^\infty(M)$, não negativa e tal que $f(x_0) = 0$. Então existirá uma métrica $g_f \in [g]$ tal que*

$$G(x,t) = \left[\frac{n-2}{4(n-1)} \max_M \left(S_{g_f}\right) - f\right] |t|^2$$

é fracamente crítica para g_f segundo F. Além disso, $S_{g_f}(x_0) = \max_M \left(S_{g_f}\right)$.

Prova. A prova deste resultado será dada no capítulo 4.

Capítulo 4

Demonstrações dos Principais Resultados.

Passamos agora à demonstração dos principais resultados desta tese. Na primeira seção provaremos o teorema da função crítica prescrita e na segunda os resultados sobre o Teorema da Dualidade. Por conveniência de leitura e em detrimento do volume de papel, decidimos escrever uma vez mais os enunciados dos teoremas.

4.1 O Problema da Função Crítica Prescrita.

Fixe $x \in M$ (M como no enunciado abaixo). Defina para cada $x \in M$,

$$m_G(x) = \min_{t \in S_2^{k-1}} G(x,t)$$

Temos então o

Teorema 2 *Seja* (M,g) *riemanniana, compacta,* dim $M = n \geq 4$, *não conformalmente difeomorfa à* (S^n, h). *Tome* G *e* F *como usuais. Então existirá* $\tilde{g} \in [g]$ *tal que* G *é crítica para* $\tilde{g}$ *segundo* F *se, e somente se existir um ponto de* $x \in M$ *tal que* $m_G(x) > 0$.

Prova. ($\Rightarrow$) Seja $\tilde{g}$ métrica sobre M (não necessariamente conforme à g) tal que G seja crítica para $\tilde{g}$ segundo F. Suponha, por absurdo, que $m_G(x) \leq 0$. para todo $x \in M$. Pela compacidade de S_2^{k-1} segue que existe $\tilde{t} \in S_2^{k-1}$ tal que $G(x,\tilde{t}) \leq 0$ para todo $x \in M$. Tome $U = \tilde{t} \in H_k^{1,2}(M)$. Deste modo temos que

$$J_{\tilde{g},G,F}(\tilde{t}) = \frac{\int_M |\nabla_{\tilde{g}}\tilde{t}|^2 dv_{\tilde{g}} + \int_M G(x,\tilde{t})\, dv_{\tilde{g}}}{\left(\int_M F(\tilde{t})\, dv_{\tilde{g}}\right)^{2/2^*}} = \frac{\int_M G(x,\tilde{t})\, dv_{\tilde{g}}}{\left(\int_M F(\tilde{t})\, dv_{\tilde{g}}\right)^{2/2^*}} \leq 0 < M_F^{-2/2^*} \mathcal{A}_0(n)^{-1}$$

e portanto a função G não pode ser crítica para $\tilde{g}$ segundo F. Absurdo.

($\Leftarrow$) Suponha que $m_G(\tilde{x}) > 0$ para algum $\tilde{x} \in M$. Buscamos agora por uma métrica $\tilde{g} \in [g]$ tal que G seja crítica para $\tilde{g}$ segundo F. Defina,

$$\begin{aligned} \mathcal{F} \ &: \ \Omega \to C^\infty\left(M \times \mathbb{R}^k\right) \\ & u \longmapsto \mathcal{F}(u)(x,t) = G(x,t)\, u^{2^*-2} - \frac{\Delta_g u}{u} |t|^2 \end{aligned}$$

onde $\Omega = \{u \in C^\infty(M)\,; u > 0\}$ e $\Delta_g u = -div(\nabla_g u)$.

Pela proposição 18 temos que G será crítica para $\tilde{g} = u^{2^*-2} g$ segundo F *se, e somente se* $\mathcal{F}(u)(x,t)$ for crítica para g segundo F. Nosso trabalho portanto estará em procurar por tal função $u \in \Omega$ satisfazendo $\mathcal{F}(u)$ crítica para g segundo F.

A menos de mudança conforme em g e a menos de multiplicação por constante podemos supor que $S_g =$ constante e que

$$\frac{\mathcal{B}_0(g)}{\mathcal{A}_0(n)} - \max_{M \times S_2^{k-1}} G > a(n)\, S_g \tag{4.1}$$

onde $\mathcal{B}_0(g)$ e $\mathcal{A}_0(n)$, como já dito, são as melhores constantes de Sobolev escalares para $p = 2$ e $a(n) = \frac{n-2}{4(n-1)}$.

Note também que de (4.1) obtêm-se

$$\frac{\mathcal{B}_0(g)}{\mathcal{A}_0(n)} > \max_{M \times S_2^{k-1}} G. \tag{4.2}$$

Agora defina $\forall u \in H^{1,2}(M) - \{0\}$, $\varepsilon > 0$ e $q \in (2, 2^*]$,

$$I_{q,\varepsilon}(u) = \frac{\int_M |\nabla_g u|^2 dv_g + \varepsilon \int_M u^2 dv_g}{\left(\int_M m_G(x)\, |u|^q\, dv_g\right)^{2/q}} \tag{$I_{q,\varepsilon}$}$$

Defina também

$$\mu_{q,\varepsilon} = \inf_{\mathcal{H}_q} I_{q,\varepsilon}$$

onde $\mathcal{H}_q = \left\{u \in H^{1,2}(M)\,; \int_M m_G(x)\, |u|^q\, dv_g > 0\right\}$. Note que $\mathcal{H}_q \neq \emptyset$ pois G é suave e $m_G(\tilde{x}) > 0$. Veja também que $I_{q,\varepsilon}(u) = I_{q,\varepsilon}(|u|)$ para toda u e portanto podemos substituir $\mathcal{H}_q$ por um novo conjunto

$$\mathcal{H}_q = \left\{u \in C^\infty(M)\,; u > 0 \text{ e } \int_M m_G(x)\, u^q dv_g > 0\right\}.$$

Outro fato que necessitamos notar e cujo conhecimento já é bem sabido na literatura (veja [19]) é que $\forall \varepsilon > 0$,

$$\mu_{2^*,\varepsilon} \leq \mathcal{A}_0(n)^{-1} . \max_M (m_G(x))^{-2/2^*}. \tag{4.3}$$

Finalmente, defina

$$\Omega_{q,\varepsilon} = \left\{u \in \mathcal{H}_q; I_{q,\varepsilon}(u) = \mu_{q,\varepsilon} \text{ e } \int_M m_G(x)\, u^{q-1} dv_g = \mu_{q,\varepsilon}^{\frac{q}{q-2}}\right\}.$$

Como facilmente visto, $u \in \Omega_{q,\varepsilon}$ se, e somente se u satisfaz a equação

$$\Delta_g u + \varepsilon u = m_G(x)\, u^{q-1} \text{ em } M \tag{$E(q,\varepsilon)$}$$

que por $m_G(x)$ ser suave e por teoria elíptica possui solução positiva $u \in C^\infty(M)$ sempre que $\varepsilon > 0$ e $q < 2^*$. Portanto $\Omega_{q,\varepsilon} \neq \emptyset$ $\forall \varepsilon > 0$ e $\forall q < 2^*$. Naturalmente temos que $\mu_{q,\varepsilon} > 0$ $\left(\text{pois } u \in \Omega_{q,\varepsilon} \text{ e } I_{q,\varepsilon}(u) = \mu_{q,\varepsilon}\right)$.

Quando $q = 2^*$ então para ε grande $\left(\varepsilon > \frac{\mathcal{B}_0(g)}{\mathcal{A}_0(n)}\right)$ teremos $\Omega_{2^*,\varepsilon} = \emptyset$. Com esta base, podemos então passar ao:

Passo 1: *Seja* $0 < \varepsilon < \frac{\mathcal{B}_0(g)}{\mathcal{A}_0(n)}$. *Então existe* $q_0 < 2^*$ *tal que para todo* $q \in [q_0, 2^*]$ *e toda* $u \in \Omega_{q,\varepsilon}$

$$\mathcal{F}(u)(x,t_x) \text{ é subcrítica para } g,$$

onde $t_x \in S_2^{k-1}$ *é tal que* $m_G(x) = G(x,t_x)$.

Suponha, por absurdo, que $\forall q < 2^*$ exista $u_q \in \Omega_{q,\varepsilon}$ tal que

$$\mathcal{F}(u_q)(x,t_x) \text{ seja fracamente crítica para } g.$$

Neste caso podemos extrair sequências $(q_i) \subset \mathbb{R}$ e (u_i) com $u_i \in \Omega_{q_i,\varepsilon}$ tais que

$$q_i \to 2^*, q_i < 2^* \forall i \text{ e } \mathcal{F}(u_i)(x,t_x) \text{ é fracamente crítica para } g.$$

Temos que a sequência (u_i) é limitada em $H^{1,2}(M)$. De fato, como $u_i \in \Omega_{q_i,\varepsilon}$ então $I_{q_i,\varepsilon}(u_i) = \mu_{q_i,\varepsilon}$. Assim,

$$\frac{\int_M |\nabla_g u_i|^2 dv_g + \varepsilon \int_M u_i^2 dv_g}{\left(\int_M m_G(x) u_i^q dv_g\right)^{\frac{2}{q_i}}} = \mu_{q_i,\varepsilon}$$

o que nos dá

$$\int_M |\nabla_g u_i|^2 dv_g + \varepsilon \int_M u_i^2 dv_g = \mu_{q_i,\varepsilon}^{\frac{q_i}{q_i-2}}.$$

Por outro lado, temos que $\mu_{q_i,\varepsilon}^{\frac{q_i}{q_i-2}} \to \mu_{2^*,\varepsilon}^{\frac{2^*}{2^*-2}} \leq C$. Assim, se $\varepsilon \geq 1$ então

$$0 \leq \|u_i\|_{H^{1,2}(M)}^2 \leq \int_M |\nabla_g u_i|^2 dv_g + \varepsilon \int_M u_i^2 dv_g \leq \tilde{C}.$$

E se $\varepsilon > 1$ então,

$$0 \leq \|u_i\|_{H^{1,2}(M)}^2 \leq \frac{1}{\varepsilon} \int_M |\nabla_g u_i|^2 dv_g + \int_M u_i^2 dv_g \leq \frac{\tilde{C}}{\varepsilon}.$$

Provando a limitação.

Desta limitação temos a existência de $u \in H^{1,2}(M)$ tal que

$$u_i \rightharpoonup u \text{ em } H^{1,2}(M), \; u_i \to u \text{ em } L^2(M) \text{ e } u_i(x) \to u(x) \; qtp(M).$$

Note também que $u_i \to u$ em $L^{2^*-2}(M)$. Obviamente, temos que $u \equiv 0$ ou não.

Suponha inicialmente que $u \not\equiv 0$. Neste caso e por teoria elíptica de regularidade, temos

$$u \in C^\infty(M), u > 0 \text{ e } \int_M m_G(x) u^{2^*} dv_g > 0$$

ou seja, $u \in \mathcal{H}_{2^*}$. Além disso, por regularidade de u_i e u e por $u_i(x) \to u(x)$ temos

$$u_i \to u \text{ em } C^2(M)$$

e consequentemente

$$\mathcal{F}(u_i)(x,t_x) \to \mathcal{F}(u)(x,t_x) \text{ uniformemente em } M.$$

Ora, temos que $\mathcal{F}(u_i)(x,t_x)$ é fracamente crítica para g, portanto

$$\mathcal{F}(u)(x,t_x) \text{ é fracamente crítica para } g.$$

Por outro lado, $u_i \in \Omega_{q_i,\varepsilon}$ e assim, como sabemos, satisfaz $E(q_i,\varepsilon)$. Desta forma,

$$-\Delta_g u_i = \varepsilon u_i - m_G(x)\, u_i^{q_i-1},$$

e somando $m_G(x)\, u_i^{2^*-2}$ nos dois lados chegamos a

$$\mathcal{F}(u_i)(x,t_x) = m_G(x)\, u_i^{2^*-2} - \frac{\Delta_g u_i}{u_i} = \varepsilon + m_G(x)\left(u_i^{2^*-2} - u_i^{q_i-2}\right).$$

Passando ao limite em i chegamos a

$$\mathcal{F}(u)(x,t_x) = \varepsilon.$$

Isto nos diz que ε é fracamente crítica para g (pois $\mathcal{F}(u)(x,t_x)$ o é). Mas $\varepsilon < \frac{\mathcal{B}_0(g)}{\mathcal{A}_0(n)}$ e portanto a proposição 17 (para $k=1$) nos diz que ε é subcrítica para g. Absurdo. Logo $u \not\equiv 0$ não ocorre.

Suponha então que $u \equiv 0$. Como $\varepsilon < \frac{\mathcal{B}_0(g)}{\mathcal{A}_0(n)}$ então ε é subcrítica para g. Assim, existe $\varphi \in C^\infty(M)$, $\varphi > 0$ tal que

$$J_{g,\varepsilon}(\varphi) = \frac{\int_M |\nabla_g \varphi|^2 dv_g + \varepsilon \int_M \varphi^2 dv_g}{\left(\int_M \varphi^{2^*} dv_g\right)^{\frac{2}{2^*}}} < \mathcal{A}_0(n)^{-1}.$$

Desta forma, temos

$$\begin{aligned}
J_{g,\mathcal{F}(u_i)(x,t_x)}(\varphi) &= \frac{\int_M |\nabla_g \varphi|^2 dv_g + \int_M \mathcal{F}(u_i)(x,t_x)\, \varphi^2 dv_g}{\left(\int_M \varphi^{2^*} dv_g\right)^{\frac{2}{2^*}}} \\
&= \frac{\int_M |\nabla_g \varphi|^2 dv_g + \int_M \varepsilon\varphi^2 + m_G(x)\left(u_i^{2^*-2} - u_i^{q_i-2}\right)\varphi^2 dv_g}{\left(\int_M \varphi^{2^*} dv_g\right)^{\frac{2}{2^*}}} \\
&= \frac{\int_M |\nabla_g \varphi|^2 dv_g + \varepsilon \int_M \varphi^2 dv_g}{\left(\int_M \varphi^{2^*} dv_g\right)^{\frac{2}{2^*}}} + \frac{\int_M m_G(x)\left(u_i^{2^*-2} - u_i^{q_i-2}\right)\varphi^2 dv_g}{\left(\int_M \varphi^{2^*} dv_g\right)^{\frac{2}{2^*}}}.
\end{aligned}$$

Agora, pela convergência $u_i \to 0$ em $L^{2^*-2}(M)$ e pelo fato de $q_i - 2 < 2^* - 2$ temos

$$\lim_i \int_M m_G(x)\, \varphi^2 u_i^{q_i-2} dv_g = \lim_i \int_M m_G(x)\, \varphi^2 u_i^{2^*-2} dv_g = 0$$

e portanto

$$\lim_i J_{g,\mathcal{F}(u_i)(x,t_x)}(\varphi) = J_{g,\varepsilon}(\varphi) < \mathcal{A}_0(n)^{-1}$$

o que nos dá, por definição de limite, que existe $i_0 \in \mathbb{N}$ tal que $\forall i > i_0$, $J_{g,\mathcal{F}(u_i)(x,t_x)}(\varphi) < \mathcal{A}_0(n)^{-1}$, ou seja, existem $\mathcal{F}(u_i)(x,t_x)$ que são subcríticos para g, absurdo. Logo $u \equiv 0$ não ocorre e isto finaliza o passo 1.

De posse deste passo 1, podemos tomar então sequências reais (q_i) e (ε_i) tais que

$$2 < q_i < 2^*,\ q_i \to 2^* \text{ e } \varepsilon_i < \frac{\mathcal{B}_0(g)}{\mathcal{A}_0(n)}, \varepsilon_i \to \frac{\mathcal{B}_0(g)}{\mathcal{A}_0(n)}.$$

Além disso, temos também uma sequência de funções (v_i) tal que

$$v_i \in \Omega_{q_i,\varepsilon_i} \text{ e } \mathcal{F}(v_i)(x,t_x) \text{ é subcrítica para } g.$$

Procedendo analogamente como no passo 1, existe $v \in H^{1,2}(M)$ tal que

$$v_i \rightharpoonup v \text{ em } H^{1,2}(M), \; v_i \to v \text{ em } L^2(M) \text{ e } v_i(x) \to v(x) \; qtp(M).$$

Aqui, novamente devemos tratar os casos $v \equiv 0$ e $v \not\equiv 0$.

Passo 2: *Caso* $v \not\equiv 0$.

Suponha $v \not\equiv 0$. Como no passo 1

$$v_i \to v \text{ em } C^2(M)$$

e $v \in C^\infty(M)$, $v > 0$.

Sendo $v_i \in \Omega_{q_i,\varepsilon}$ então v_i satisfaz $E(q_i, \varepsilon_i)$, assim

$$-\Delta_g v_i = \varepsilon_i v_i - m_G(x) v_i^{q_i - 1}$$

e $\forall t \in \mathbb{R}^k$,

$$G(x,t) v_i^{2^*-2} - \frac{\Delta_g v_i}{v_i} = \varepsilon_i - m_G(x) v_i^{q_i-2} + G(x,t) v_i^{2^*-2}.$$

Passando ao limite em i, temos $\forall t \in \mathbb{R}^k$, que

$$G(x,t) v^{2^*-2} - \frac{\Delta_g v}{v} = \frac{\mathcal{B}_0(g)}{\mathcal{A}_0(n)} + v^{2^*-2}(G(x,t) - m_G(x)).$$

Agora, para $t \in S_2^{k-1}$ resulta da igualdade acima e do fato de $G(x,t) \geq m_G(x)$,

$$\mathcal{F}(v)(x,t) \geq \frac{\mathcal{B}_0(g)}{\mathcal{A}_0(n)} |t|^2 \text{ em } M \times S_2^{k-1}.$$

Portanto,

$$\mathcal{F}(v)(x,t) \geq \frac{\mathcal{B}_0(g)}{\mathcal{A}_0(n)} |t|^2 \text{ em } M \times \mathbb{R}^k.$$

As proposições 1, 9 e 14 mais a desigualdade acima nos dá que $\mathcal{F}(v)$ é fracamente crítica para g segundo F. Por outro lado, sendo $\max_{M \times S_2^{k-1}}(G) > 0$ então $\forall t$

$$\mathcal{F}(v) + \max_{M \times S_2^{k-1}}(G)|t|^2 \geq \frac{\mathcal{B}_0(g)}{\mathcal{A}_0(n)} |t|^2,$$

ou seja,

$$\mathcal{F}(v) \geq \frac{\mathcal{B}_0(g)}{\mathcal{A}_0(n)} |t|^2 - \max_{M \times S_2^{k-1}}(G)|t|^2 > a(n) S_g |t|^2.$$

Proposição 15 nos dá que $\mathcal{F}(v)$ é crítica para g segundo F. Assim, a proposição 18 nos garante então que

$$G \text{ é crítica para } \tilde{g} = v^{2^*-2}.g \text{ segundo } F.$$

lembre-se que $v \in C^\infty(M)$ e $v > 0$. Finalizando o passo 2.

Suponha agora que $v \equiv 0$. temos então o

Passo 3: *Vale que*

$$\lim_{i\to+\infty}\mu_{q_i,\varepsilon_i}=\mathcal{A}_0(n)^{-1}\left(\max_{M\times S_2^{k-1}}G\right)^{-2/2^*}\quad e\quad \lim_{i\to+\infty}\int_M v_i^{q_i}dv_g=\mathcal{A}_0(n)^{-n}\left(\max_{M\times S_2^{k-1}}G\right)^{-n/2}.$$

Facilmente visto, temos que $\liminf_i \mu_{q_i,\varepsilon_i}>0$. Usando a desigualdade de Holder,

$$\begin{aligned}\mu_{q_i,\varepsilon_i} &= I_{q_i,\varepsilon_i}(v_i)=\frac{\int_M|\nabla_g v_i|^2dv_g+\varepsilon_i\int_M v_i^2dv_g}{\left(\int_M m_G(x)v_i^{q_i}dv_g\right)^{2/q_i}} \\ &= \frac{\int_M|\nabla_g v_i|^2dv_g+\frac{\mathcal{B}_0(g)}{\mathcal{A}_0(n)}\int_M v_i^2dv_g}{\left(\int_M m_G(x)v_i^{q_i}dv_g\right)^{2/q_i}}+\left(\varepsilon_i-\frac{\mathcal{B}_0(g)}{\mathcal{A}_0(n)}\right)\frac{\int_M v_i^2dv_g}{\left(\int_M m_G(x)v_i^{q_i}dv_g\right)^{2/q_i}}.\end{aligned}\tag{4.4}$$

Como

$$\liminf_i\int_M m_G(x)v_i^{q_i}dv_g=\liminf_i\mu_{q_i,\varepsilon_i}^{\frac{q_i}{q_i-2}}>0$$

e como $\varepsilon_i\to\frac{\mathcal{B}_0(g)}{\mathcal{A}_0(n)}$ e $v_i\to0$ em $L^2(M)$ obtemos

$$\lim_i\left(\varepsilon_i-\frac{\mathcal{B}_0(g)}{\mathcal{A}_0(n)}\right)\frac{\int_M v_i^2dv_g}{\left(\int_M m_G(x)v_i^{q_i}dv_g\right)^{\frac{2}{q_i}}}=0.$$

pois o denominador vai pra zero enquanto a fração "1/numerador"é limitada. Assim, usando (4.4) e o limite acima

$$\begin{aligned}\liminf_i\mu_{q_i,\varepsilon_i} &= \liminf_i\frac{\int_M|\nabla_g v_i|^2dv_g+\frac{\mathcal{B}_0(g)}{\mathcal{A}_0(n)}\int_M v_i^2dv_g}{\left(\int_M m_G(x)v_i^{q_i}dv_g\right)^{2/q_i}} \\ &\geq \liminf_i\left(\max_{M\times S_2^{k-1}}G\right)^{-\frac{2}{q_i}}\frac{\int_M|\nabla_g v_i|^2dv_g+\frac{\mathcal{B}_0(g)}{\mathcal{A}_0(n)}\int_M v_i^2dv_g}{\left(\int_M v_i^{2^*}dv_g\right)^{2/2^*}} \\ &= \left(\max_{M\times S_2^{k-1}}G\right)^{-\frac{2}{2^*}}\liminf_i J_{g,\frac{\mathcal{B}_0(g)}{\mathcal{A}_0(n)}}(v_i) \\ &\geq \left(\max_{M\times S_2^{k-1}}G\right)^{-\frac{2}{2^*}}\mathcal{A}_0(n)^{-1},\end{aligned}$$

pois $\frac{\mathcal{B}_0(g)}{\mathcal{A}_0(n)}$ é fracamente crítica para g. Por outro lado, sabemos que $\forall\varepsilon>0$, $\mu_{2^*,\varepsilon}\leq\mathcal{A}_0(n)^{-1}\left(\max_{M\times S_2^{k-1}}m_G(x)\right)$ e portanto, para cada $\delta>0$ encontramos $\omega_\delta\in C^\infty(M)$ tal que

$$\mu_{2^*,\frac{\mathcal{B}_0(g)}{\mathcal{A}_0(n)}}\leq I_{2^*,\frac{\mathcal{B}_0(g)}{\mathcal{A}_0(n)}}(\omega_\delta)\leq\left(\max_{M\times S_2^{k-1}}m_G(x)\right)^{-2/2^*}\mathcal{A}_0(n)^{-1}+\delta.$$

E assim,

$$\lim_i\mu_{q_i,\varepsilon_i}\leq\lim_i I_{q_i,\varepsilon_i}(\omega_\delta)=I_{2^*,\frac{\mathcal{B}_0(g)}{\mathcal{A}_0(n)}}(\omega_\delta)\leq\left(\max_{M\times S_2^{k-1}}m_G(x)\right)^{-2/2^*}\mathcal{A}_0(n)^{-1}+\delta.$$

Fazendo $\delta\to0$ obtemos que

$$\liminf_i\mu_{q_i,\varepsilon_i}=\left(\max_{M\times S_2^{k-1}}m_G(x)\right)^{-2/2^*}\mathcal{A}_0(n)^{-1}.$$

Vejamos agora a segunda igualdade

Multiplicando $E(q_i,\varepsilon_i)$ por v_i e integrando sobre M

$$\int_M |\nabla_g v_i|^2 dv_g + \varepsilon_i \int_M v_i^2 dv_g = \int_M m_G(x) v_i^{q_i} dv_g. \tag{4.5}$$

Como $\int_M m_G(x) v_i^{q_i} dv_g = \mu_{q_i,\varepsilon_i}^{\frac{q_i}{q_i-2}} = \mu_{q_i,\varepsilon_i}.\mu_{q_i,\varepsilon_i}^{\frac{2}{q_i-2}} = \mu_{q_i,\varepsilon_i}.\left(\mu_{q_i,\varepsilon_i}^{\frac{q_i}{q_i-2}}\right)^{\frac{2}{q_i}}$ então por Holder,

$$\begin{aligned}\int_M m_G(x) v_i^{q_i} dv_g &= \mu_{q_i,\varepsilon_i}\left(\int_M m_G(x) v_i^{q_i} dv_g\right)^{\frac{2}{q_i}} \le \mu_{q_i,\varepsilon_i}\left(\max_{M\times S_2^{k-1}} G\right)^{\frac{2}{q_i}}\left(\int_M v_i^{q_i} dv_g\right)^{\frac{2}{q_i}} \\ &\le \mu_{q_i,\varepsilon_i}\left(\max_{M\times S_2^{k-1}} G\right)^{\frac{2}{q_i}}\left(\int_M v_i^{2^*} dv_g\right)^{\frac{2}{2^*}} vol(M)^{\left(1-\frac{q_i}{2^*}\right)\frac{2}{q_i}}.\end{aligned}$$

Usando a desigualdede ótima de Sobolev, temos

$$\int_M m_G(x) v_i^{q_i} \le \mu_{q_i,\varepsilon_i}\left(\max_{M\times S_2^{k-1}} G\right)^{\frac{2}{q_i}} vol(M)^{\left(1-\frac{q_i}{2^*}\right)\frac{2}{q_i}}\left(\mathcal{A}_0(n)\int_M |\nabla_g v_i|^2 + \mathcal{B}_0(g)\int_M v_i^2\right).$$

Juntando com (4.5),

$$\begin{aligned}&\int_M |\nabla_g v_i|^2 dv_g + \varepsilon_i \int_M v_i^2 dv_g \\ \le\ & \mu_{q_i,\varepsilon_i}\left(\max_{M\times S_2^{k-1}} G\right)^{\frac{2}{q_i}} vol(M)^{\left(1-\frac{q_i}{2^*}\right)\frac{2}{q_i}}\left(\mathcal{A}_0(n)\int_M |\nabla_g v_i|^2 dv_g + \mathcal{B}_0(g)\int_M v_i^2 dv_g\right)\end{aligned} \tag{4.6}$$

Agora, como $I_{q_i,\varepsilon_i}(v_i) = \mu_{q_i,\varepsilon_i}$, $v_i \to 0$ em $L^2(M)$ e $\int_M m_G(x) v_i^{q_i} dv_g = \mu_{q_i,\varepsilon_i}^{\frac{q_i}{q_i-2}}$, obtemos da primeira parte do passo 3

$$\begin{aligned}\lim_{i\to+\infty}\int_M |\nabla_g v_i|^2 dv_g &= \lim_{i\to+\infty}\int_M |\nabla_g v_i|^2 dv_g + \varepsilon_i \int_M v_i^2 dv_g = \\ &= \lim_{i\to+\infty}\int_M m_G(x) v_i^{q_i} dv_g = \lim_{i\to+\infty}\mu_{q_i,\varepsilon_i}^{\frac{q_i}{q_i-2}} \\ &= \lim_{i\to+\infty}\mu_{q_i,\varepsilon_i}^{\frac{q_i}{q_i-2}} = \lim_{i\to+\infty}\mu_{q_i,\varepsilon_i}^{\frac{n}{2}} \\ &= \left(\mathcal{A}_0(n)^{-1}\left(\max_{M\times S_2^{k-1}} G\right)^{-2/2^*}\right)^{\frac{n}{2}}.\end{aligned}$$

Tomando limite em i na desigualdade (4.6) e usando a primeira parte

$$\begin{aligned}\left(\mathcal{A}_0(n)^{-1}\left(\max_{M\times S_2^{k-1}} G\right)^{-2/2^*}\right)^{\frac{n}{2}} &\le \mathcal{A}_0(n)^{-1}\left(\lim_{i\to+\infty}\int_M v_i^{q_i} dv_g\right)^{\frac{2}{2^*}} \\ &\le \left(\mathcal{A}_0(n)^{-1}\left(\max_{M\times S_2^{k-1}} G\right)^{-2/2^*}\right)^{\frac{n}{2}}\end{aligned}$$

e portanto

$$\lim_{i\to+\infty}\int_M v_i^{q_i} dv_g = \mathcal{A}_0(n)^{-\frac{n}{2}}\left(\max_{M\times S_2^{k-1}} G\right)^{-\frac{n}{2}},$$

finalizando o passo 3.

Antes de prosseguirmos ao passo 4, paramos para introduzir um conceito básico de concentração. Diremos que $x \in M$ será ponto de concentração da sequência (v_i) se $\forall \delta > 0$

$$\limsup_i \int_{B_g(x,\delta)} v_i^{q_i} dv_g > 0.$$

Sendo assim, temos o

Passo 4: *A sequência* (v_i) *possui exatamente um ponto de concentração* x_0. *Além disso, se* $\overline{\omega} \subset\subset M - \{x_0\}$, ω *aberto, então*

$$v_i \to 0 \text{ uniformemente em } \overline{\omega}.$$

Primeiramente, vamos à existência de tal ponto. Suponha, por absurdo, que não exista ponto de concentração para a sequência (v_i), ou seja, para cada $x \in M$ existe $\delta_x > 0$ tal que $\limsup_i \int_{B_g(x,\delta_x)} v_i^{q_i} dv_g \leq 0$. A partir daí geramos uma cobertura $\mathcal{C} = \{B_g(x, \delta_x)\}$ para M. Mas M é compacta e portanto podemos extrair uma subcobertura finita $\mathcal{C}_f = \{B_g(x_j, \delta_{x_j})\}_{j=1,2,\ldots,m}$. Assim, $\forall i$

$$\int_M v_i^{q_i} dv_g \leq \sum_{j=1}^{m} \int_{B_g\left(x_j, \delta_{x_j}\right)} v_i^{q_i} dv_g$$

e portanto, pelo passo 3,

$$0 < \limsup_i \int_M v_i^{q_i} dv_g \leq \sum_{j=1}^{m} \limsup_i \int_{B_g\left(x_j, \delta_{x_j}\right)} v_i^{q_i} dv_g \leq 0.$$

Absurdo. Então existe ponto de concentração.

Vamos agora à unicidade. Seja $x \in M$ e $\delta > 0$ pequeno o bastante. Também, tome $\eta \in C^\infty(M)$ função corte suportada em $B_g(x, \delta)$,

$$0 \leq \eta \leq 1 \text{ e } \eta \equiv 1 \text{ em } B_g\left(x, \frac{\delta}{2}\right).$$

Multiplicando $E(q_i, \varepsilon_i)$ por $\eta^2 v_i^l$, $l > 1$ e integrando sobre M

$$\int_M \Delta_g v_i \left(\eta^2 v_i^l\right) dv_g + \varepsilon_i \int_M \eta^2 v_i^{l+1} dv_g = \int_M m_G(x) v_i^{q_i+l+1} \eta^2 dv_g. \tag{4.7}$$

Integrando por partes, temos

$$\int_M \left|\nabla_g \left(\eta v_i^{\frac{l+1}{2}}\right)\right|^2 dv_g = \frac{(l+1)^2}{4l} \int_M \Delta_g v_i \left(\eta^2 v_i^l\right) + \frac{(l+1)}{2} \int_M \left(|\nabla_g \eta|^2 + \frac{(l-1)}{l+1} \eta \Delta_g \eta\right) v_i^{l+1}.$$

Juntando com (4.7) e notando que $-\varepsilon_i \int_M \eta^2 v_i^{l+1} dv_g \leq 0$,

$$\begin{aligned}\int_M \left|\nabla_g \left(\eta v_i^{\frac{l+1}{2}}\right)\right|^2 dv_g \leq\; & \frac{(l+1)^2}{4l} \int_M m_G(x) \eta^2 v_i^{l+q_i-1} dv_g \\ & + \frac{(l+1)}{2l} \int_M \left(|\nabla_g \eta|^2 + \frac{(l-1)}{l+1} \eta \Delta_g \eta\right) v_i^{l+1} dv_g.\end{aligned}$$

Por Holder,

$$\begin{aligned}
\int_M m_G(x)\,\eta^2 v_i^{l+q_i-1} dv_g &\leq \left(\max_{M\times S_2^{k-1}} G\right)\int_M \eta^2 v_i^{l+q_i-1} dv_g \\
&\leq \left(\max_{M\times S_2^{k-1}} G\right)\left(\int_M \left(\eta^2 v_i^{l+1}\right)^{\frac{q_i}{2}} dv_g\right)^{\frac{2}{q_i}}\left(\int_M \left(v_i^{q_i-2}\right)^{\frac{q_i}{q_i-2}} dv_g\right)^{\frac{q_i-2}{q_i}} \\
&\leq \left(\max_{M\times S_2^{k-1}} G\right)\left(\int_M \left(\eta v_i^{\frac{l+1}{2}}\right)^{q_i} dv_g\right)^{\frac{2}{q_i}}\left(\int_M v_i^{q_i} dv_g\right)^{\frac{q_i-2}{q_i}}
\end{aligned}$$

ou seja,

$$\begin{aligned}
\int_M \left|\nabla_g\left(\eta v_i^{\frac{l+1}{2}}\right)\right|^2 &\leq \frac{(l+1)^2\left(\max_{M\times S_2^{k-1}} G\right)}{4l}\left(\int_M \left(\eta v_i^{\frac{l+1}{2}}\right)^{q_i}\right)^{\frac{2}{q_i}}\left(\int_{B_g(x,\delta)} v_i^{q_i}\right)^{\frac{q_i-2}{q_i}} \\
&+\frac{l+1}{2l}\int_M\left(|\nabla_g\eta|^2+\frac{(l-1)}{l+1}\eta\Delta_g\eta\right)v_i^{l+1}dv_g.
\end{aligned} \tag{4.8}$$

Da desigualdade ótima de Sobolev,

$$\left(\int_M \left(\eta v_i^{\frac{l+1}{2}}\right)^{2^*} dv_g\right)^{\frac{2}{2^*}} \leq \mathcal{A}_0(n)\int_M \left|\nabla_g\left(\eta v_i^{\frac{l+2}{2}}\right)\right|^2 dv_g + \mathcal{B}_0(g)\int_M \eta^2 v_i^{l+1} dv_g$$

ou seja,

$$\int_M \left|\nabla_g\left(\eta v_i^{\frac{l+1}{2}}\right)\right|^2 dv_g \geq \mathcal{A}_0(n)^{-1}\left(\int_M \left(\eta v_i^{\frac{l+1}{2}}\right)^{2^*} dv_g\right)^{\frac{2}{2^*}} - \frac{\mathcal{B}_0(g)}{\mathcal{A}_0(n)}\int_M \eta^2 v_i^{l+1} dv_g.$$

Mas, por Holder

$$\begin{aligned}
\left(\int_M \left(\eta v_i^{\frac{l+1}{2}}\right)^{q_i} dv_g\right)^{\frac{2}{q_i}} &\leq \left(\int_M \left(\eta v_i^{\frac{l+1}{2}}\right)^{2^*}\right)^{\frac{2}{2^*}} vol(M)^{\left(1-\frac{q_i}{2^*}\right)\frac{2}{q_i}} \\
&\leq \left(\int_M \left(\eta v_i^{\frac{l+1}{2}}\right)^{2^*}\right)^{\frac{2}{2^*}} vol(M)^{1-\frac{q_i}{2^*}}
\end{aligned}$$

o que nos dá

$$vol(M)^{\frac{q_i}{2^*}-1}\left(\int_M \left(\eta v_i^{\frac{l+1}{2}}\right)^{q_i} dv_g\right)^{\frac{2}{q_i}} \leq \left(\int_M \left(\eta v_i^{\frac{l+1}{2}}\right)^{2^*} dv_g\right)^{\frac{2}{2^*}}.$$

Substituindo na desigualdade apropriada acima,

$$\int_M \left|\nabla_g \eta v_i^{\frac{l+1}{2}}\right|^2 dv_g \geq \mathcal{A}_0(n)^{-1} vol(M)^{\frac{q_i}{2^*}-1}\left(\int_M \left(\eta v_i^{\frac{l+1}{2}}\right)^{q_i}\right)^{\frac{2}{q_i}} - \frac{\mathcal{B}_0(g)}{\mathcal{A}_0(n)}\int_M \eta^2 v_i^{l+1} dv_g$$

Usando esta desigualdade e a desigualdade (4.8),

$$\begin{aligned}
&\mathcal{A}_0(n)^{-1} vol(M)^{\frac{q_i}{2^*}-1}\left(\int_M \left(\eta v_i^{\frac{l+1}{2}}\right)^{q_i} dv_g\right)^{\frac{2}{q_i}} - \frac{\mathcal{B}_0(g)}{\mathcal{A}_0(n)}\int_M \eta^2 v_i^{l+1} dv_g \\
\leq\ & \frac{(l+1)^2}{4l}\int_M m_G(x)\,\eta^2 v_i^{l+q_i-1} dv_g + \frac{(l+1)}{2l}\int_M\left(|\nabla_g\eta|^2+\frac{(l-1)}{l+1}\eta\Delta_g\eta\right)v_i^{l+1}dv_g
\end{aligned}$$

Mas também

$$
\begin{aligned}
& \mathcal{A}_0(n)^{-1} vol(M)^{\frac{q_i}{2^*}-1}\left(\int_M \left(\eta v_i^{\frac{l+1}{2}}\right)^{q_i}\right)^{\frac{2}{q_i}} - \frac{(l+1)^2}{4l}\left(\max_{M\times S_2^{k-1}} G\right)\int_M \eta^2 v_i^{l+q_i-1}\left(\int_{B_g(x,\delta)} v_i^{q_i}\right)^{\frac{q_i-2}{q_i}} \\
\leq\ & \mathcal{A}_0(n)^{-1} vol(M)^{\frac{q_i}{2^*}-1}\left(\int_M \left(\eta v_i^{\frac{l+1}{2}}\right)^{q_i}\right)^{\frac{2}{q_i}} - \frac{(l+1)^2}{4l}\int_M m_G(x)\,\eta^2 v_i^{l+q_i-1}\left(\int_{B_g(x,\delta)} v_i^{q_i}\right)^{\frac{q_i-2}{q_i}} \\
\leq\ & C(l,n)\int_M v_i^{l+1} dv_g + \frac{\mathcal{B}_0(g)}{\mathcal{A}_0(n)}\int_M \eta^2 v_i^{l+1} dv_g.
\end{aligned}
$$

ou, em resumo

$$
\begin{aligned}
& \left(\int_M \left(\eta v_i^{\frac{l+1}{2}}\right)^{q_i}\right)\left[\mathcal{A}_0(n)^{-1} vol(M)^{\frac{q_i-1}{2^*}} - \frac{(l+1)^2}{4l}\left(\max_{M\times S_2^{k-1}} G\right)\left(\int_{B_g(x,\delta)} v_i^{q_i}\right)^{\frac{q_i-2}{q_i}}\right] \\
\leq\ & C\int_M v_i^{l+1},
\end{aligned} \tag{4.9}
$$

onde $c>0$ não depende de i. Suponha agora que x é ponto de concentração de (v_i), então

$$
\liminf_i \int_{B_g(x,\delta)} v_i^{q_i} dv_g > 0
$$

pois caso contrário teríamos

$$
\liminf_i \int_{B_g(x,\delta)} v_i^{q_i} dv_g \leq 0 < \limsup_i \int_{B_g(x,\delta)} v_i^{q_i} dv_g
$$

ou seja, $\lim \int_{B_g(x.\delta)} v_i^{q_i} dv_g$ não existe. Por outro lado, pelo passo 3

$$
\lim \int_{B_g(x,\delta)} v_i^{q_i} dv_g \leq \lim \int_M v_i^{q_i} dv_g = c,
$$

absurdo. Além disso, temos

$$
\liminf_i \int_{B_g(x,\delta)} v_i^{q_i} dv_g \leq \mathcal{A}_0(n)^{-\frac{n}{2}}\left(\max_{M\times S_2^{k-1}} G\right)^{-\frac{n}{2}}. \tag{4.10}
$$

Agora, assuma que esta desigualdade é estrita. Para l próximo de 1,

$$
\begin{aligned}
& \liminf_i \left[\mathcal{A}_0(n)^{-1} vol(M)^{\frac{q_i}{2^*}-1} - \frac{(l+1)^2}{4l}\left(\max_{M\times S_2^{k-1}} G\right)\left(\int_{B_g(x,\delta)} v_i^{q_i} dv_g\right)^{\frac{q_i-2}{q_i}}\right] \\
\geq\ & \mathcal{A}_0(n)^{-1} - \frac{(l+1)^2}{4l}\left(\max_{M\times S_2^{k-1}} G\right)\liminf_i \left(\int_{B_g(x,\delta)} v_i^{q_i} dv_g\right)^{\frac{2}{n}} \\
>\ & \mathcal{A}_0(n)^{-1} - \frac{(l+1)^2}{4l}\left(\max_{M\times S_2^{k-1}} G\right)\left(\mathcal{A}_0(n)^{-\frac{n}{2}}\left(\max_{M\times S_2^{k-1}} G\right)^{-\frac{n}{2}}\right)^{\frac{2}{n}} \\
=\ & \mathcal{A}_0(n)^{-1}\left(1 - \frac{(l+1)^2}{4l}\right) \geq 0.
\end{aligned}
$$

Com isto e de volta a (4.9), temos que

$$\left(\int_M \left(\eta v_i^{\frac{l+1}{2}}\right)^{q_i} dv_g\right)^{\frac{2}{q_i}} \leq c\int_M v_i^{l+1} dv_g. \tag{4.11}$$

No lado direito,

$$\int_M v_i^{l+1} dv_g = \int_M v_i^{l+1-2} v_i^2 dv_g \leq \max_M \left(v_i^{l-1}\right). \int_M v_i^2 dv_g \to 0.$$

Por outro lado, por Holder

$$0 \leq \int_{B_g\left(x,\frac{\delta}{2}\right)} v_i^{q_i} dv_g \leq \left(\int_{B_g\left(x,\frac{\delta}{2}\right)} v_i^{\frac{l+!}{2}q_i} dv_g\right)^{\frac{2}{l+1}} vol\,(M)^{\alpha} \to 0.$$

O que nos leva a um absurdo pois x é ponto de concentração. Desta forma, em (4.10) temos uma igualdade. Suponha então que existam dois pontos de concentração distintos, digamos x_1 e x_2. A igualdade (4.10) é válida para ambos os pontos, assim, pelo passo 3.

$$\lim_i \int_M v_i^{q_i} dv_g = \lim_i \left(\int_{B_g(x_1,\delta)} v_i^{q_i} dv_g + \int_{B_g(x_2,\delta)} v_i^{q_i} dv_g + \int_{M-B_g(x_1,\delta)-B_g(x_1,\delta)} v_i^{q_i} dv_g\right)$$

o que nos remete a

$$\mathcal{A}_0\,(n)^{-\frac{n}{2}} \left.\max_{M\times S_2^{k-1}} G\right)^{-\frac{n}{2}} = 2\mathcal{A}_0\,(n)^{-\frac{n}{2}} \left.\max_{M\times S_2^{k-1}} G\right)^{-\frac{n}{2}}.$$

Absurdo. Logo existe apenas um ponto de concentração x_0 para (v_i).

Agora, vamos à $v_i \to 0$ uniformemente em $M-(x_0)$.

Seja $\overline{\omega} \subset\subset M - \{x_0\}$, onde ω é aberto em M. Seja $0 < \delta < d_g(\omega, x_0)$. Tome $(x_j)_{j=1,\ldots,l}$ pontos de ω tais que $\omega \cup_j B_g(x_j,\delta)$. Repetindo toda a conta feita acima com $x = x_j$, obtemos $c > 0$ tal que

$$\int_\omega v_i^{\frac{l+1}{2}q_i} dv_g \leq c\int_M v_i^{l+1} dv_g.$$

E como $\frac{l+1}{2}q_i > 2^* + \gamma$ para $\gamma > 0$ pequeno e i grande então aplicando o esquema de Nash-Moser [pág 45 de [15]] e com

$$\Delta_g v_i + 2v_i \leq \Delta_g v_i + \varepsilon_i v_i = m_G\,(x)\, v_i^{q_i-1}$$

temos

$$\sup_{B_g(y,\delta)} |v_i| \leq \int_\omega v_i^{\frac{l+1}{2}q_i} dv_g \leq c\int_M v_i^{l+1} dv_g \to 0$$

provando o passo 4.

Passo 5: *Conclusão caso* $v \equiv 0$.

Seja $s > 1$ um número real grande o bastante. A primeira afirmação neste passo 5 é a de que para i grande o bastante,

$$\mathcal{F}\left(v_i^s\right)(x,t) \geq \frac{\mathcal{B}_0\,(g)}{\mathcal{A}_0\,(n)}\,|t|^2.$$

Provemo-a. Temos que,

$$\Delta_g\left(v_i^s\right) = s v_i^{s-1}\Delta_g v_i - s\,(s-1)\, v_i^{s-2}\,|\nabla_g v_i|^2 \leq s v_i^{s-1}\Delta_g v_i.$$

Como v_i satisfaz $E(q_i, \varepsilon_i)$ então segue que $\forall (x,t) \in M \times \mathbb{R}^k$,

$$\begin{aligned}\mathcal{F}(v_i^s)(x,t) &= G(x,t)\, v_i^{s(2^*-2)} - \frac{\Delta_g v_i^s}{v_i^s} \geq G(x,t)\, v_i^{s(2^*-2)} - \frac{s v_i^{s-1}\Delta_g v_i}{v_i^s} \\ &= G(x,t)\, v_i^{s(2^*-2)} - s v_i^{-1}\Delta_g v_i \\ &= G(x,t)\, v_i^{s(2^*-2)} - s v_i^{-1}\left(G(x,t)\, v_i^{q_i-1} - \varepsilon_i v_i\right) \\ &= G(x,t)\, v_i^{s(2^*-2)} - s m_G(x)\, v_i^{q_i-2} + s\varepsilon_i.\end{aligned}$$

Restringindo para $M \times S_2^{k-1}$ temos, pelo fato de $m_G(x)$ ser mínimo, que

$$\mathcal{F}(v_i^s)(x,t) \geq s\varepsilon_i + G(x,t)\left(v_i^{s(2^*-2)} - s v_i^{s(q_i-2)}\right). \tag{4.12}$$

Inicialmente, pensemos a desigualdade acima em $A = \left\{(x,t) \in M \times S_2^{k-1}; G(x,t) \leq 0\right\}$. Pelo passo 4 lembre-se que temos $v_i \to 0$ em A. Assim, concluímos que $v_i^{s(2^*-2)-(q_i-2)} \leq s$ para i grande e portanto,

$$G(x,t)\left(v_i^{s(2^*-2)} - s v_i^{(q_i-2)}\right) \geq 0 \qquad [\text{em } A].$$

Consequentemente e lembrando que $s > 1$ e que $\varepsilon_i \to \frac{\mathcal{B}_0(g)}{\mathcal{A}_0(n)}$ temos $\forall (x,t) \in A$ e para i grande o bastante

$$\mathcal{F}(v_i^s)(x,t) \geq s\varepsilon_i + G(x,t)\left(v_i^{s(2^*-2)} - s v_i^{s(q_i-2)}\right) \geq s\varepsilon_i |t|^2 > \frac{\mathcal{B}_0(g)}{\mathcal{A}_0(n)} |t|^2. \tag{4.13}$$

Por outro lado, considere o conjunto $B = \left\{(x,t) \in M \times S_2^{k-1}; G(x,t) > 0\right\}$. Para $\alpha > 0$, defina

$$\beta_i(\alpha) = \alpha^{s(2^*-2)} - s\alpha^{q_i-2} = \alpha^{q_i-2}\left(\alpha^{s(2^*-2)-q_i+2} - s\right).$$

O mínimo de β_i em $(0, +\infty)$ é atingido no ponto

$$\alpha_i = \left(\frac{(n-2)(q_i-2)}{4}\right)^{\frac{1}{\frac{4s}{n-2} - q_i + 2}}.$$

Além disso, $\alpha_i \leq 1$ pois $q_i \leq 2^*$. Logo $|\alpha_i|^{q_i-2} \leq 1$ e portanto

$$\beta_i(\alpha) \geq \beta_i(\alpha_i) \geq \alpha_i^{\frac{4s}{n-2} - q_i + 2} - s = \frac{(n-2)(q_i-2)}{4} - s \geq -s.$$

Desta forma, em B, temos que

$$\begin{aligned}\mathcal{F}(v_i^s)(x,t) &\geq s\varepsilon_i + G(x,t)\left(v_i^{s(2^*-2)} - s v_i^{s(q_i-2)}\right) \geq s\varepsilon_i - sG(x,t) \geq s\varepsilon_i - s \max_{M \times S_2^{k-1}}(G) \\ &= s\left(\varepsilon_i - \max_{M \times S_2^{k-1}}(G)\right).\end{aligned}$$

Ora, como $\varepsilon_i \to \frac{\mathcal{B}_0(g)}{\mathcal{A}_0(n)}$, $\frac{\mathcal{B}_0(g)}{\mathcal{A}_0(n)} > \max_{M \times S_2^{k-1}}(G)$ e s é grande o bastante então para i grande o suficiente

$$\mathcal{F}(v_i^s)(x,t) \geq s\left(\varepsilon_i - \max_{M \times S_2^{k-1}}(G)\right) \geq \frac{\mathcal{B}_0(g)}{\mathcal{A}_0(n)} |t|^2 \text{ em } B. \tag{4.14}$$

Claramente, de (4.13) e de (4.14) temos que

$$\mathcal{F}(v_i^s)(x,t) \geq \frac{\mathcal{B}_0(g)}{\mathcal{A}_0(n)} |t|^2 \text{ em } M \times S_2^{k-1}$$

o que nos dá que

$$\mathcal{F}\left(v_i^s\right)(x,t) \geq \frac{\mathcal{B}_0\left(g\right)}{\mathcal{A}_0\left(n\right)}\left|t\right|^2 \text{ em } M \times \mathbb{R}^k.$$

Como no caso $v \not\equiv 0$ segue que $\mathcal{F}\left(v_i^s\right)(x,t)$ é fracamente crítica para g segundo F. Por outro lado, sendo $\max_{M \times S_2^{k-1}}(G) > 0$, temos $\forall\,(x,t)$

$$\mathcal{F}\left(v_i^s\right)(x,t) + \max_{M \times S_2^{k-1}}(G)\left|t\right|^2 \geq \frac{\mathcal{B}_0\left(g\right)}{\mathcal{A}_0\left(n\right)}\left|t\right|^2$$

o que nos dá, por (4.1), que

$$\mathcal{F}\left(v_i^s\right)(x,t) > a\left(n\right)S_g\left|t\right|^2.$$

A proposição 13 nos garante então que $\mathcal{F}\left(v_i^s\right)$ é crítica para g segundo F. Agora, lembre-se que $v_i \in \Omega_{q_i,\varepsilon_i}$, ou seja, $v_i \in C^\infty(M)$ e $v_i > 0$, desta forma, pela proposição 18, podemos concluir que

$$G \text{ é crítica para } \tilde{g} = v_i^{s(2^*-2)}g \text{ segundo } F.$$

Finalizando a prova.

4.2 Sobre o Teorema da Dualidade.

Nesta seção provaremos os resultados que versam sobre o teorema da dualidade (pág. 4), mais precisamente, daremos condições suficientes para que $(D1)$ não ocorra e $(D2)$ ocorra, bem como condições sobre a função G que permitam construir explicitamente uma métrica $\tilde{g}$ tal que $(D2)$ valha. Além disso, para uma G em particular, daremos condições para que tanto $(D1)$ como $(D2)$ ocorram.

Um conceito importante de geometria riemanniana e que fez-se necessário na construção dos resultados é o de tensor curvatura de Weyl, a saber: Seja (M,g) riemanniana e suave, $\dim M = n \geq 3$. O tensor curvatura de Weyl segundo g é denotado por W_g e é dado em componente locais por

$$W_{ijkl} = R_{ijkl} - \frac{1}{n-2}\left(R_{ik}g_{jl} + R_{jl}g_{ik} - R_{il}g_{jk} - R_{jk}g_{il}\right) + \frac{S_g}{(n-1)(n-2)}\left(g_{ik}g_{jl} - g_{il}g_{jk}\right),$$

com a importante propriedade conforme de que se $\tilde{g} = \varphi^{2^*-2}g$ então $W_{\tilde{g}} = \varphi W_g$. No entanto, o item mais relevante, para esta tese, referente ao tensor de Weyl é sua caracterização em termos de propriedades da variedade, ou seja,

1. Se $n = 3$ então $W_g \equiv 0$ e

2. Se $n \geq 4$ então $W_g \equiv 0$ *se, e somente se* a variedade M é conformalmente flat.

Lembrando que, resumidamente, a variedade (M,g) será conformalmente flat se para todo $x \in M$ existir uma carta (ϕ,Ω) em torno de x e uma métrica $\tilde{g} \in [g]$ tal que

$$\tilde{g}_{ij} = \delta_{ij}$$

para todo i,j. Para informações mais precisas sobre o tensor curvatura de Weyl, veja [14].

Além do tensor de Weyl, definiremos o operador Laplaciano conforme vetorial uma vez que ele aparece na prova do teorema seguinte e não achamos de bom grado interrompê-la para dar definições.

Seja $U \in H_k^{1,2}(M)$. Definimos o Laplaciano conforme vetorial segundo g por

$$L_g U = \frac{4(n-1)}{(n-2)} \Delta_g U + S_g |U|_1$$

onde $\Delta_g U = \sum_{i=1}^{k} \Delta_g u_i$ no sentido fraco e $|U|_1 = \sum_{i=1}^{k} |t_i|$. O laplaciano conforme possui a seguinte propriedade, que inclusive é a que dá nome ao operador, Se $\tilde{g} \in [g]$, com $\tilde{g} = \varphi^{2^*-2} g$ então para toda $U \in H_k^{1,2}(M)$,

$$L_g(\varphi U) = \varphi^{2^*-1} L_g(U).$$

A prova desta propriedade decorre diretamente da propriedade conforme do laplaciano conforme "escalar".

Agora sim estamos em condições de apresentarmos o primeiro resultado. Ele, como já citado, garante condições suficientes para que o item $(D1)$ do teorema da dualidade não ocorra e o item $(D2)$ ocorra.

Teorema 3 *Seja (M, g) variedade riemanniana, suave, compacta,* $\dim M = n \geq 4$. *Considere também $F : \mathbb{R}^k \to \mathbb{R}$ suave, positiva e 2^*- homogênea e $G : M \times \mathbb{R}^k \to \mathbb{R}$ suave, positiva e $2-$ homogênea na segunda variável. Suponha adicionalmente que exista um ponto $x_0 \in M$ tal que $W_g \equiv 0$ numa vizinhança V_0 de x_0. Então existe uma métrica $\tilde{g} \in [g]$ tal que*

$$\mathcal{B}_0(\tilde{g}, F, G)\, G(x_0, t_0) = \frac{(n-2)}{4(n-1)} M_F^{2/2^*} \mathcal{A}_0(n)\, S_{\tilde{g}}(x_0)$$

para algum $x_0 \in M$ e $\forall t_0 \in \mathbb{S}_2^{k-1}$ tal que $F(t_0) = M_F$ e, além disso, $\left(J_{\tilde{g},opt}^{F,G}\right)$ não possui aplicação extremal.

Prova. Como $W_g \equiv 0$ em V_0 então temos, pela caracterização dada acima que, a menos de mudança conforme de métrica, g é flat na bola euclidiana $B_{2\delta}(x_0)$, $\delta > 0$ pequeno o bastante. Esta prova será feita por contradição. Suponha que para cada $\tilde{g} \in [g]$ exista $t_0 \in \mathbb{S}_2^{k-1}$ com $F(t_0) = M_F$ tal que

$$\mathcal{B}_0(\tilde{g}, F, G) \min_M G(x, t_0) > \frac{(n-2)}{4(n-1)} M_F^{2/2^*} \mathcal{A}_0(n) \max_M S_{\tilde{g}} \tag{4.15}$$

ou que exista aplicação extremal $\tilde{U}$ para $\left(J_{\tilde{g},opt}^{F,G}\right)$. Note que isto é exatamente a negação do que queremos provar. Ora, pelo teorema da dualidade, (4.15) implica na existência de aplicação extremal $\tilde{U}$ para $\left(J_{\tilde{g},opt}^{F,G}\right)$, e portanto, trabalhemos apenas com a aplicação extremal $\tilde{U}$. Dada a enorme quantidade de cálculos na prova deste resultado, dividiremos a prova em passos de modo a tentar fazer a leitura mais suave.

Passo 1 - Obtendo H_φ subcrítica para g segundo F, $\forall \varphi \in C^\infty(M)$, $\varphi > 0$:

Da proposição 9 temos que $H(x,t) = \frac{\mathcal{B}_0(\tilde{g},F,G)}{M_F^{2/2^*} \mathcal{A}_0(n)} G(x,t)$ é função fracamente crítica para $\tilde{g}$ segundo F e, do fato de $\tilde{U}$ ser aplicação extremal para $\left(J_{\tilde{g},opt}^{F,G}\right)$, temos que

$$\left(\int_M F\left(\tilde{U}\right) dv_{\tilde{g}}\right)^{2/2^*} = M_F^{2/2^*} \mathcal{A}_0(n) \int_M \left|\nabla_{\tilde{g}} \tilde{U}\right|^2 dv_{\tilde{g}} + \mathcal{B}_0(\tilde{g}, F, G) \int_M G\left(x, \tilde{U}\right) dv_{\tilde{g}}$$

ou equivalentemente,

$$\left(M_F^{2/2^*}\mathcal{A}_0(n)\right)^{-1}=\frac{\int_M\left|\nabla_{\tilde g}\tilde U\right|^2dv_{\tilde g}+\int_M H\left(x,\tilde U\right)dv_{\tilde g}}{\left(\int_M F\left(\tilde U\right)dv_{\tilde g}\right)^{2/2^*}}$$

ou seja, $\tilde U$ é aplicação extremal para H. Corolário 1 nos dá então que H é função crítica para $\tilde g$ segundo F.

Considere uma função $f:M\to\mathbb{R}$ suave, não nula, $f\geq 0$ e tal que $f(x_0)=0$. Segundo a proposição 12, temos que $\forall(x,t)\in M\times\mathbb{R}^k$,

$$H(x,t)\geq\frac{(n-2)}{4(n-1)}\max_M S_{\tilde g}|t|^2$$

e portanto

$$H(x,t)\geq\tilde H(x,t)=\left(\frac{(n-2)}{4(n-1)}\max_M S_{\tilde g}-f\right)|t|^2,\ \text{com } H\not\equiv\tilde H.$$

Ora, mas H é crítica para $\tilde g$ segundo F, logo para cada $\tilde g\in[g]$,

$$\mu_{\tilde g,F,\tilde H}<\left(M_F^{2/2^*}\mathcal{A}_0(n)\right)^{-1}.$$

Por simplicidade de notação, escreva $a(n)=\frac{(n-2)}{4(n-1)}$. Fixe $\tilde g\in[g]$. Ponha $\tilde g=\varphi^{2^*-2}g$ e defina,

$$H_\varphi(x,t)=\left\{\varphi^{2^*-2}\left[a(n)\max_M(S_{\tilde g})-a(n)S_{\tilde g}-f\right]+a(n)S_g\right\}|t|^2.$$

Afirmamos que H_φ é fracamente crítica para g segundo F. Para provar isto, basta mostrar que $J_{g,F,H_\varphi}(\varphi U)=J_{\tilde g,F,\tilde H}(U)$ para toda $U\in H_k^{1,2}(M)$ pois com isso teríamos que

$$\mu_{g,F,H_\varphi}\leq\inf_{H_k^{1,2}(M)-\{0\}}J_{g,F,H_\varphi}(\varphi U)=\inf_{H_k^{1,2}(M)-\{0\}}J_{\tilde g,F,\tilde H}(U)<\left(M_F^{2/2^*}\mathcal{A}_0(n)\right)^{-1}.$$

Inicialmente note que

$$\int_M|\nabla_g(\varphi U)|^2dv_g+\int_M a(n)S_g|\varphi U|^2dv_g=\int_M|\nabla_{\tilde g}(U)|^2dv_{\tilde g}+\int_M a(n)S_{\tilde g}|U|^2dv_{\tilde g}\tag{4.16}$$

pois da propriedade conforme do laplaciano conforme,

$$\sum_{i=1}^k[\Delta_g(\varphi u_i)](\varphi u_i)+a(n)S_g(\varphi u_i)^2=\sum_{i=1}^k\left[(\Delta_{\tilde g}u_i)(\varphi u_i)+a(n)S_{\tilde g}u_i^2\varphi\right]\varphi^{2^*-1}$$

e assim, usando que $dv_{\tilde g}=\varphi^{2^*}dv_g$ e integração por partes,

$$\sum_{i=1}^k\int_M|\nabla_g(\varphi u_i)|^2+a(n)S_g(\varphi u_i)^2dv_g=\sum_{i=1}^k\int_M|\nabla_{\tilde g}u_i|^2+a(n)S_{\tilde g}u_i^2dv_{\tilde g}$$

que é exatamente a igualdade (4.16). Obviamente temos também que $\int_M F(\varphi U)dv_g=\int_M F(U)dv_{\tilde g}$. Por outro lado,

$$\begin{aligned}\int_M|\nabla_g(\varphi U)|^2dv_g+\int_M H_\varphi(x,\varphi U)dv_g&=\int_M|\nabla_g(\varphi U)|^2+a(n)S_g|\varphi U|^2dv_g\\&\quad+\int_M\tilde H(x,U)\varphi^{2^*}dv_g\\&\quad-\int_M\varphi^{2^*}a(n)S_{\tilde g}|U|^2dv_g,\end{aligned}$$

e usando (4.16) temos que

$$\int_M |\nabla_g(\varphi U)|^2 dv_g + \int_M H_\varphi(x,\varphi U)\, dv_g = \int_M |\nabla_{\tilde g} U|^2 dv_{\tilde g} + \int_M \tilde H(x,U)\, dv_{\tilde g},$$

mostrando assim que $J_{g,F,H_\varphi}(\varphi.) = J_{\tilde g,F,\tilde H}(.)$.

Passo 2 - Obtendo $H_\varepsilon \geq b(\varepsilon) r^2 |t|^2$, com $b(\varepsilon) \to +\infty$ quando $\varepsilon \to 0$ e $r(x) = d_g(x,x_0)$.

Seja $\eta \in C^\infty(M)$ função corte tal que $0 \leq \eta \leq 1$, com $\eta = 1$ em $B_\delta(x_0)$, $\eta = 0$ em $M - B_{2\delta}(x_0)$. Para $\varepsilon > 0$, ponha

$$\varphi_\varepsilon(x) = \left(\varepsilon + r^2(x)\right)^{\frac{-(n-2)}{8}},$$

onde $r(x) = d_g(x,x_0)$. Defina então

$$\tilde\varphi_\varepsilon(x) = \eta(x)\varphi_\varepsilon(x) + (1-\eta(x))C_\delta$$

onde $C_\delta = (2\delta)^{\frac{-(n-2)}{4}}$. Note que $\tilde\varphi_\varepsilon \in C^\infty(M)$ e $\tilde\varphi_\varepsilon > 0$. Escreva $g_\varepsilon = \tilde\varphi_\varepsilon^{2^*-2} g$ e tome $H_\varepsilon = H_{\tilde\varphi_\varepsilon}$, ou seja

$$H_\varepsilon(x,t) = \left\{\tilde\varphi_\varepsilon^{2^*-2}\left[a(n)\max_M(S_{g_\varepsilon}) - a(n)S_{g_\varepsilon} - f\right] + a(n)S_g\right\}|t|^2.$$

Na condição em que se relaciona g_ε e g, temos que (veja [2]), $-\Delta_g\tilde\varphi_\varepsilon + a(n)S_g\tilde\varphi_\varepsilon = \tilde\varphi_\varepsilon^{2^*-1}S_{g_\varepsilon}$ e portanto,

$$\begin{aligned} H_\varepsilon(x,t) &= \left\{\tilde\varphi_\varepsilon^{2^*-2}\left[a(n)\max_M\left(\frac{-\Delta_g\tilde\varphi_\varepsilon + a(n)S_g\tilde\varphi_\varepsilon}{\tilde\varphi_\varepsilon^{2^*-1}}\right)\right.\right. \\ &\quad \left.\left. -a(n)\left(\frac{-\Delta_g\tilde\varphi_\varepsilon + a(n)S_g\tilde\varphi_\varepsilon}{\tilde\varphi_\varepsilon^{2^*-1}}\right) - f\right] + a(n)S_g\right\}|t|^2. \end{aligned}$$

O foco agora é trabalharmos com esta expressão e encontrarmos a desigualdade alvo.

Como g é flat em $B_{2\delta}(x_0)$ então $S_g = 0$ nesta bola, assim $\forall x \in B_{2\delta}(x_0)$

$$\frac{-\Delta_g\tilde\varphi_\varepsilon(x) + a(n)S_g(x)\tilde\varphi_\varepsilon(x)}{\tilde\varphi_\varepsilon^{2^*-1}(x)} = \frac{-\Delta_g\varphi_\varepsilon}{\varphi_\varepsilon^{2^*-1}}(x) = \frac{-\sum_{i=1}^n(\partial_{ii}\varphi_\varepsilon)}{\varphi_\varepsilon^{2^*-1}}(x).$$

Mas,

$$\begin{aligned} (\partial_i\varphi_\varepsilon)(x) &= \partial_i\left[\left(\varepsilon + \sum_{i=1}^n x_i^2\right)^{\frac{-(n-2)}{8}}\right] = \frac{-(n-2)}{4}\left(\varepsilon + r^2\right)^{\frac{-(n-6)}{8}} x_i \text{ e} \\ (\partial_{ii}\varphi_\varepsilon)(x) &= \frac{(n-2)(n-6)}{16}\left(\varepsilon + r^2\right)^{\frac{-(n+14)}{8}} x_i^2 - \frac{(n-2)}{4}\left(\varepsilon + r^2\right)^{\frac{-(n+6)}{8}} \end{aligned}$$

e consequentemente

$$-\Delta_g\varphi_\varepsilon(x) = \frac{n(n-2)}{4}\left(\varepsilon + r^2\right)^{\frac{-(n+6)}{8}} - \frac{(n-2)(n+6)}{16}.r^2\left(\varepsilon + r^2\right)^{\frac{-(n+14)}{8}}$$

e finalmente,

$$\frac{-\Delta_g\varphi_\varepsilon}{\varphi_\varepsilon^{2^*-1}}(x) = \frac{3(n-2)^2}{16}\left(\varepsilon + r^2\right)^{-1/2} + \frac{(n+6)(n-2)}{16}\varepsilon\left(\varepsilon + r^2\right)^{-3/2}$$

Portanto,

$$\max_{B_\delta(x_0)}\left(\frac{-\Delta_g\varphi_\varepsilon + a(n)S_g\varphi_\varepsilon}{\varphi_\varepsilon^{2^*-1}}\right) = \frac{3(n-2)^2}{16}\varepsilon^{-1/2} + \frac{(n+6)(n-2)}{16}\varepsilon\varepsilon^{-3/2} = \frac{n(n-2)}{4\sqrt{\varepsilon}}.$$

Desta forma, para $\varepsilon > 0$ pequeno o bastante temos que

$$\max_M\left(\frac{-\Delta_g\tilde\varphi_\varepsilon + a(n)S_g\tilde\varphi_\varepsilon}{\tilde\varphi_\varepsilon^{2^*-1}}\right) = \max_{B_\delta(x_0)}\left(\frac{-\Delta_g\varphi_\varepsilon + a(n)S_g\varphi_\varepsilon}{\varphi_\varepsilon^{2^*-1}}\right) = \frac{n(n-2)}{4\sqrt{\varepsilon}} \tag{4.17}$$

uma vez que,

(i) Se $x \in B_\delta(x_0)$ então $\tilde{\varphi}_\varepsilon(x) = \varphi_\varepsilon(x)$ e portanto

$$\max_{B_\delta(x_0)} \left(\frac{-\Delta_g \tilde{\varphi}_\varepsilon + a(n) S_g \tilde{\varphi}_\varepsilon}{\tilde{\varphi}_\varepsilon^{2^*-1}} \right) = \max_{B_\delta(x_0)} \left(\frac{-\Delta_g \varphi_\varepsilon + a(n) S_g \varphi_\varepsilon}{\varphi_\varepsilon^{2^*-1}} \right) = \frac{n(n-2)}{4\sqrt{\varepsilon}}$$

(ii) Se $x \in M - B_{2\delta}(x_0)$ então $\tilde{\varphi}_\varepsilon(x) = C_\delta$ e consequentemente

$$\frac{-\Delta_g \tilde{\varphi}_\varepsilon + a(n) S_g \tilde{\varphi}_\varepsilon}{\tilde{\varphi}_\varepsilon^{2^*-1}}(x) = \frac{a(n) S_g C_\delta}{C_\delta^{2^*-1}} = a(n) S_g \tilde{C}_\delta$$

e sendo M variedade compacta

$$\max_{M - B_{2\delta}(x_0)} \left(\frac{-\Delta_g \varphi_\varepsilon + a(n) S_g \varphi_\varepsilon}{\varphi_\varepsilon^{2^*-1}} \right) \le a(n) \tilde{C}_\delta \max_M S_g \le \frac{n(n-2)}{4\sqrt{\varepsilon}}$$

onde, lembrando, $\varepsilon > 0$ é pequeno.

(iii) Finalmente, se $x \in B_{2\delta}(x_0) - B_\delta(x_0)$ então temos que $\delta \le r \le 2\delta$. Tome $\varepsilon < 1$, temos que

$$C_0 \le \tilde{\varphi}_\varepsilon(x) \le C_1$$

onde C_0 e $C_1 > 0$ não dependem de ε. De fato,

$$\tilde{C} = \left(1 + 4\delta^2\right)^{\frac{-(n-2)}{8}} \le \left(\varepsilon + 4\delta^2\right)^{\frac{-(n-2)}{8}} \le \varphi_\varepsilon(x) \le \left(\varepsilon + \delta^2\right)^{\frac{-(n-2)}{8}} \le \delta^{\frac{-(n-2)}{4}} = C,$$

logo, pondo $C_0 = \min\left\{\tilde{C}, C_\delta\right\}$,

$$C_0 = \eta C_0 + (1-\eta) C_0 \le \eta \varphi_\varepsilon + (1-\eta) C_\delta \le \varphi_\varepsilon + C_\delta \le C_1.$$

Note que isto implica que $-\Delta_g \tilde{\varphi}_\varepsilon(x) \le C_3$ (não dependente de ε). Com isso, chegamos a

$$\frac{-\Delta_g \tilde{\varphi}_\varepsilon + a(n) S_g \tilde{\varphi}_\varepsilon}{\tilde{\varphi}_\varepsilon^{2^*-1}}(x) = \frac{-\Delta_g \tilde{\varphi}_\varepsilon}{\tilde{\varphi}_\varepsilon^{2^*-1}}(x) \le C_3 \le \frac{n(n-2)}{4\sqrt{\varepsilon}}$$

desde que $\varepsilon < 1$ seja pequeno o bastante, claro. Portanto

$$\max_{B_{2\delta}(x_0) - B_\delta(x_0)} \left(\frac{-\Delta_g \varphi_\varepsilon + a(n) S_g \varphi_\varepsilon}{\varphi_\varepsilon^{2^*-1}} \right) \le \frac{n(n-2)}{4\sqrt{\varepsilon}}.$$

e isto mostra a igualdade (4.17).

Escrevendo, por simplicidade, $P\tilde{\varphi}_\varepsilon = \frac{-\Delta_g \tilde{\varphi}_\varepsilon + a(n) S_g \tilde{\varphi}_\varepsilon}{\tilde{\varphi}_\varepsilon^{2^*-1}}$ temos para $x \in B_\delta(x_0)$,

$$\begin{aligned}
\max_M (P\tilde{\varphi}_\varepsilon) - (P\tilde{\varphi}_\varepsilon)(x) &= \frac{3(n-2)^2}{16} \varepsilon^{-1/2} + \frac{(n-2)(n+6)}{16} \varepsilon \varepsilon^{-3/2} \\
&\quad - \frac{3(n-2)^2}{16} \left(\varepsilon + r^2\right)^{-1/2} + \frac{(n-2)(n+6)}{16} \varepsilon \left(\varepsilon + r^2\right)^{-3/2} \\
&= \frac{3(n-2)^2}{16} \left(\varepsilon^{-1/2} - \left(\varepsilon + r^2\right)^{-3/2}\right) \\
&\quad + \frac{(n-2)(n+6)}{16} \varepsilon \left(\varepsilon^{-3/2} + \left(\varepsilon + r^2\right)^{-3/2}\right) \\
&\ge \frac{3(n-2)^2}{16} \left(\varepsilon^{-1/2} - \left(\varepsilon + r^2\right)^{-3/2}\right).
\end{aligned}$$

Agora, se $x \in M - B_{2\delta}(x_0)$ temos que

$$P\tilde{\varphi}_\varepsilon(x) = a(n) S_g C_\delta^{2^*-2} \le \frac{3(n-2)^2}{16}(\varepsilon + C)^{-1/2}$$

desde que ε seja pequeno o bastante. Aqui usamos que $r^2 \le C$ (M compacta). Por conseguinte,

$$\begin{aligned} \max_M (P\tilde{\varphi}_\varepsilon) - (P\tilde{\varphi}_\varepsilon)(x) &\ge \frac{3(n-2)^2}{16}\left(\varepsilon^{-1/2} - (\varepsilon + r^2)^{-3/2}\right) \\ &+ \frac{(n-2)(n+6)}{16}\varepsilon\left(\varepsilon^{-3/2} + (\varepsilon + r^2)^{-3/2}\right) \\ &\ge \frac{3(n-2)^2}{16}\left(\varepsilon^{-1/2} - (\varepsilon + r^2)^{-3/2}\right). \end{aligned}$$

Quando $x \in B_{2\delta}(x_0) - B_\delta(x_0)$, então

$$P\tilde{\varphi}_\varepsilon(x) = \frac{-\Delta_g \tilde{\varphi}_\varepsilon}{\tilde{\varphi}_\varepsilon^{2^*-1}}(x) \le C_3,$$

sendo que o restante segue como no caso anterior. Desta forma,

$$\begin{aligned} \max_M (P\tilde{\varphi}_\varepsilon) - (P\tilde{\varphi}_\varepsilon) &\ge \frac{3(n-2)^2}{16}\left(\varepsilon^{-1/2} - (\varepsilon + r^2)^{-3/2}\right) \\ &\ge \frac{3(n-2)^2}{16} \frac{r^2}{\sqrt{\varepsilon}\sqrt{\varepsilon + C}\left[\sqrt{\varepsilon} + \sqrt{\varepsilon + C}\right]} \\ &= \hat{b}(\varepsilon) r^2. \end{aligned}$$

Agora, sendo $f(x_0) = 0$ não negativa então $\nabla f(x_0) = 0$. Usando expansão de Taylor e ε pequeno o bastante, segue facilmente que

$$H_\varepsilon(x,t) \ge b(\varepsilon) r^2 |t|^2$$

onde $b(\varepsilon) > 0$ é tal que $b(\varepsilon) \to +\infty$ quando $\varepsilon \to 0$. Isto finaliza a prova do passo 2.

Antes de passarmos ao próximo passo, note que pelos passos 1 e 2 temos que

$$\lambda_\varepsilon = \mu_{g,F,H_\varepsilon} < \left(M_F^{2/2^*} \mathcal{A}_0(n)\right)^{-1} \text{ e } H_\varepsilon(x,t) \ge b(\varepsilon) r^2 |t|^2.$$

Sendo $\lambda_\varepsilon < \left(M_F^{2/2^*} \mathcal{A}_0(n)\right)^{-1}$ então pela proposição 2 segue que para cada $\varepsilon > 0$ existe $U_\varepsilon = \left(u_\varepsilon^1, ..., u_\varepsilon^k\right)$ suave, tal que

$$\begin{cases} -\Delta_g u_\varepsilon^i + \frac{1}{2}\frac{\partial}{\partial t_i} H_\varepsilon(x, U_\varepsilon) = \frac{\lambda_\varepsilon}{2^*}\frac{\partial}{\partial t_i} F(U_\varepsilon) \text{ em } M, \text{ com } i = 1, ..., k \\ \int_M F(U_\varepsilon)\, dv_g = 1. \end{cases} \qquad (S)$$

Claramente a sequência (U_ε) é limitada em $H_k^{1,2}(M)$. Consequentemente, existe uma aplicação $U_0 \in H_k^{1,2}(M)$ tal que

$$\begin{aligned} U_\varepsilon &\rightharpoonup U_0 \text{ em } H_k^{1,2}(M) \\ U_\varepsilon &\to U_0 \text{ em } L_k^2(M). \end{aligned}$$

A aplicação U_0 pode ser nula ou não nula, obviamente. Nos próximos passos veremos que em qualquer caso chegaremos a uma contradição.

Passo 3: Eliminando $U_0 \not\equiv 0$.

Tome $\tilde{\eta} \in C^{\infty}(M)$ função corte tal que $0 \leq \tilde{\eta} \leq 1$, $\tilde{\eta}$ em $M - B_{2\delta}(0)$, $\tilde{\eta} = 1$ em $B_{\delta}(0)$ e $|\nabla \tilde{\eta}| \leq C/\delta^2$ onde aqui estamos identificando g com ξ, a métrica euclidiana e x_0 com a origem 0. Tomando $U = \tilde{\eta} U_{\varepsilon}$ na desigualdade ótima de Sobolev euclidiana,

$$\left(\int_{B_{2\delta}(0)} F(\tilde{\eta} U_{\varepsilon})\, dx \right)^{2/2^*} \leq M_F^{2/2^*} \mathcal{A}_0(n) \int_{B_{2\delta}(0)} |\nabla (\tilde{\eta} U_{\varepsilon})|^2\, dx.$$

Mas,

$$\begin{aligned}
\int_{B_{2\delta}(0)} |\nabla (\tilde{\eta} U_{\varepsilon})|^2\, dx &= \sum_{i=1}^{k} \int_{B_{2\delta}(0)} \left|\nabla \left(\tilde{\eta} u_{\varepsilon}^i\right)\right|^2 dx \\
&= \sum_{i=1}^{k} \int_{B_{2\delta}(0)} \left(u_{\varepsilon}^i\right)^2 |\nabla \tilde{\eta}|^2\, dx \\
&\quad + 2 \int_{B_{2\delta}(0)} \tilde{\eta} u_{\varepsilon}^i \nabla \tilde{\eta} \nabla u_{\varepsilon}^i dx + \int_{B_{2\delta}(0)} \tilde{\eta}^2 \left|\nabla u_{\varepsilon}^i\right|^2 dx \\
&= \sum_{i=1}^{k} \left[\int_{B_{2\delta}(0) - B_{\delta}(0)} \left(u_{\varepsilon}^i\right)^2 |\nabla \tilde{\eta}|^2\, dx + \int_{B_{2\delta}(0)} \left(\tilde{\eta}^2 u_{\varepsilon}^i\right)\left(-\Delta u_{\varepsilon}^i\right) dx \right] \\
&\leq C/\delta^2 \int_{B_{2\delta}(0) - B_{\delta}(0)} |U_{\varepsilon}|^2\, dx + \sum_{i=1}^{k} \int_{B_{2\delta}(0)} \left(\tilde{\eta}^2 u_{\varepsilon}^i\right)\left(-\Delta u_{\varepsilon}^i\right) dx.
\end{aligned}$$

Como U_{ε} satisfaz (S),

$$\begin{aligned}
\int_{B_{2\delta}(0)} |\nabla (\tilde{\eta} U_{\varepsilon})|^2\, dx &\leq C/\delta^2 \int_{B_{2\delta}(0) - B_{\delta}(0)} |U_{\varepsilon}|^2\, dx \\
&\quad + \sum_{i=1}^{k} \int_{B_{2\delta}(0)} \left(\tilde{\eta}^2 u_{\varepsilon}^i\right) \left(\frac{\lambda_{\varepsilon}}{2^*} \frac{\partial F(U_{\varepsilon})}{\partial t_i} - \frac{1}{2} \frac{\partial H_{\varepsilon}(x, U_{\varepsilon})}{\partial t_i} \right) dx.
\end{aligned}$$

No entanto, pela proposição 21 (ver apêndice 2) o somatório acima satisfaz,

$$\begin{aligned}
&= \int_{B_{2\delta}(0)} \tilde{\eta}^2 \lambda_{\varepsilon} F(U_{\varepsilon})\, dx - \int_{B_{2\delta}(0)} \tilde{\eta}^2 H_{\varepsilon}(x, U_{\varepsilon})\, dx \\
&< M_F^{2/2^*} \mathcal{A}_0(n) \int_{B_{2\delta}(0)} \tilde{\eta}^2 F(U_{\varepsilon})\, dx - \int_{B_{2\delta}(0)} \tilde{\eta}^2 H_{\varepsilon}(x, U_{\varepsilon})\, dx,
\end{aligned}$$

e, em resumo,

$$\begin{aligned}
\int_{B_{2\delta}(0)} |\nabla (\tilde{\eta} U_{\varepsilon})|^2\, dx &\leq M_F^{2/2^*} \mathcal{A}_0(n) \int_{B_{2\delta}(0)} \tilde{\eta}^2 F(U_{\varepsilon})\, dx \\
&\quad - \int_{B_{2\delta}(0)} \tilde{\eta}^2 H_{\varepsilon}(x, U_{\varepsilon})\, dx + C/\delta^2 \int_{B_{2\delta}(0) - B_{\delta}(0)} |U_{\varepsilon}|^2\, dx
\end{aligned}$$

ou equivalentemente

$$\begin{aligned}
\int_{B_{2\delta}(0)} \tilde{\eta}^2 H_\varepsilon(x, U_\varepsilon)\, dx &\leq M_F^{2/2^*} \mathcal{A}_0(n) \int_{B_{2\delta}(0)} \tilde{\eta}^2 F(U_\varepsilon)\, dx \\
&\quad - \int_{B_{2\delta}(0)} |\nabla(\tilde{\eta} U_\varepsilon)|^2\, dx + C/\delta^2 \int_{B_{2\delta}(0)-B_\delta(0)} |U_\varepsilon|^2\, dx \\
&\leq M_F^{2/2^*} \mathcal{A}_0(n) \int_{B_{2\delta}(0)} \tilde{\eta}^2 F(U_\varepsilon)\, dx \\
&\quad - \left(M_F^{2/2^*} \mathcal{A}_0(n)\right)^{-1} \left(\int_{B_{2\delta}(0)} F(\tilde{\eta} U_\varepsilon)\, dx\right)^{2/2^*} \\
&\quad + C/\delta^2 \int_{B_{2\delta}(0)-B_\delta(0)} |U_\varepsilon|^2\, dx.
\end{aligned}$$

Por outro lado, por Hölder,

$$\begin{aligned}
\int_{B_{2\delta}(0)} \tilde{\eta}^2 F(U_\varepsilon)\, dx &= \int_{B_{2\delta}(0)} \underbrace{\tilde{\eta}^2 F(U_\varepsilon)^{2/2^*}}_{\in L^{2^*/2}(2\delta)} \underbrace{F(U_\varepsilon)^{1-\frac{2}{2^*}}}_{\in L^{\frac{2^*}{2^*-2}}(2\delta)} dx \\
&\leq \left(\int_{B_{2\delta}(0)} \tilde{\eta}^{2^*} F(U_\varepsilon)\, dx\right)^{2/2^*} \left(\int_{B_{2\delta}(0)} F(U_\varepsilon)\, dx\right)^{1-\frac{2}{2^*}}
\end{aligned}$$

e reunindo toda esta informação, chegamos a

$$\begin{aligned}
\int_{B_{2\delta}(0)} \tilde{\eta} H_\varepsilon(x, U_\varepsilon)\, dx &\leq \left\{ \left(M_F^{2/2^*} \mathcal{A}_0(n)\right)^{-1} \left(\int_{B_{2\delta}(0)} \tilde{\eta}^{2^*} F(U_\varepsilon)\, dx\right)^{2/2^*} \right. \\
&\quad \left. \left[\left(\int_{B_{2\delta}(0)} F(U_\varepsilon)\, dx\right)^{1-\frac{2}{2^*}} - 1\right]\right\} + C/\delta^2 \int_{B_{2\delta}(0)-B_\delta(0)} |U_\varepsilon|^2\, dx \\
&\leq C/\delta^2 \int_{B_{2\delta}(0)-B_\delta(0)} |U_\varepsilon|^2\, dx.
\end{aligned}$$

Por outro lado, de $H_\varepsilon(x,t) \geq b(\varepsilon) r^2 |t|^2$ temos

$$b(\varepsilon) \int_{B_\delta(0)} r^2 |U_\varepsilon|^2\, dx = b(\varepsilon) \int_{B_{2\delta}(0)} \tilde{\eta}^2 r^2 |U_\varepsilon|^2\, dx \leq \int_{B_{2\delta}(0)} \tilde{\eta} H_\varepsilon(x, U_\varepsilon)\, dx$$

e portanto

$$b(\varepsilon) \int_{B_\delta(0)} r^2 |U_\varepsilon|^2\, dx \leq C/\delta^2 \int_{B_{2\delta}(0)-B_\delta(0)} |U_\varepsilon|^2\, dx. \tag{4.18}$$

Note que até agora não precisamos supor U_0 nulo ou não nulo, logo o argumento acima permanece válido para qualquer caso. Suponha então que $U_0 \not\equiv 0$. Como $U_\varepsilon \to U_0$ em $L_k^2(M)$ então fazendo $\varepsilon \to 0$ em (4.18) chegamos a

$$\lim_{\varepsilon \to 0} b(\varepsilon) = C.$$

Absurdo pois $b(\varepsilon) \to +\infty$ quando $\varepsilon \to 0$. Assim, o caso $U_0 \not\equiv 0$ está descartado. Suponha então que $U_0 \equiv 0$. Trabalharemos agora no sentido de obtermos outra contradição e então finalizarmos este resultado. Sendo U_0 identicamente nula então ocorre o fenômeno Blow up como descrito no capítulo 2. Seja $\tilde{x}_0$ o único ponto de Blow up da sequência (U_ε).

Passo 4: $x_0 = \tilde{x}_0$.

Pela proposição 6 temos que

$$\lim_{\varepsilon \to 0} \frac{\int_{B_\delta(\tilde{x}_0)} |U_\varepsilon|^2 \, dv_g}{\int_M |U_\varepsilon|^2 \, dv_g} = 1. \tag{4.19}$$

Aplicando $U = U_\varepsilon$ na desigualdade ótima de Sobolev vetorial com F e $\hat{G}(t) = |t|^2$,

$$\left(\int_M F(U_\varepsilon) \, dv_g \right)^{2/2^*} \leq M_F^{2/2^*} \mathcal{A}_0(n) \int_M |\nabla_g U_\varepsilon|^2 \, dv_g + \mathcal{B}_0 \left(g, F, \hat{G} \right) \int_M |U_\varepsilon|^2 \, dv_g,$$

multiplicando por λ_ε,

$$\lambda_\varepsilon \leq \lambda_\varepsilon M_F^{2/2^*} \mathcal{A}_0(n) \int_M |\nabla_g U_\varepsilon|^2 \, dv_g + \lambda_\varepsilon \mathcal{B}_0 \left(g, F, \hat{G} \right) \int_M |U_\varepsilon|^2 \, dv_g.$$

Por outro lado, sabemos que $\lambda_\varepsilon = \int_M |\nabla_g U_\varepsilon|^2 \, dv_g + \int_M H_\varepsilon(x, U_\varepsilon) \, dv_g$, e portanto,

$$\begin{aligned} \int_M |\nabla_g U_\varepsilon|^2 \, dv_g + \int_M H_\varepsilon(x, U_\varepsilon) \, dv_g &\leq \lambda_\varepsilon M_F^{2/2^*} \mathcal{A}_0(n) \int_M |\nabla_g U_\varepsilon|^2 \, dv_g \\ &\quad + \lambda_\varepsilon \mathcal{B}_0 \left(g, F, \hat{G} \right) \int_M |U_\varepsilon|^2 \, dv_g \end{aligned}$$

ou seja,

$$\begin{aligned} \int_M H_\varepsilon(x, U_\varepsilon) \, dv_g &\leq \lambda_\varepsilon \left(M_F^{2/2^*} \mathcal{A}_0(n) - 1 \right) \int_M |\nabla_g U_\varepsilon|^2 \, dv_g \\ &\quad + \lambda_\varepsilon \mathcal{B}_0 \left(g, F, \hat{G} \right) \int_M |U_\varepsilon|^2 \, dv_g \\ &\leq \lambda_\varepsilon \mathcal{B}_0 \left(g, F, \hat{G} \right) \int_M |U_\varepsilon|^2 \, dv_g \end{aligned}$$

pois $\lambda_\varepsilon \left(M_F^{2/2^*} \mathcal{A}_0(n) - 1 \right) \leq 0$. Em resumo, temos então que $\forall \varepsilon$,

$$\int_{B_\delta(\tilde{x}_0)} H_\varepsilon(x, U_\varepsilon) \, dv_g \leq \int_M H_\varepsilon(x, U_\varepsilon) \, dv_g \leq C \int_M |U_\varepsilon|^2 \, dv_g$$

onde C é constante independente de ε. Continuando, de $H_\varepsilon(x, t) \geq b(\varepsilon) r^2 |t|^2$ chega-se a $\forall \varepsilon$ e $\forall \delta$ suficientemente pequeno

$$b(\varepsilon) \int_{B_\delta(\tilde{x}_0)} r^2 |U_\varepsilon|^2 \, dv_g \leq C \int_M |U_\varepsilon|^2 \, dv_g.$$

Agora, suponha que $x_0 \neq \tilde{x}_0$. Tome $\tilde{\delta}$ pequeno o bastante de modo que $B_{\tilde{\delta}}(x_0) \cap B_{\tilde{\delta}}(\tilde{x}_0) = \emptyset$. Note que isto implica que para $x \in B_{\tilde{\delta}}(\tilde{x}_0)$ existem constantes positivas r_0 e r_1 tais que $r_0 \leq r^2 \leq r_1$. Assim, $\forall \varepsilon$,

$$b(\varepsilon) r_0 \int_{B_{\tilde{\delta}}(\tilde{x}_0)} |U_\varepsilon|^2 \, dv_g \leq C \int_M |U_\varepsilon|^2 \, dv_g$$

ou seja, $\forall \varepsilon$,

$$\frac{\int_{B_{\tilde{\delta}}(\tilde{x}_0)} |U_\varepsilon|^2 \, dv_g}{\int_M |U_\varepsilon|^2 \, dv_g.} \leq \frac{C}{b(\varepsilon) r_0}.$$

Fazendo $\varepsilon \to 0$ na desigualdade acima e usando (4.19), chegamos a um absurdo $(1 \leq 0)$. Isto mostra o passo 4.

Passo 5: Eliminando $U_0 \equiv 0$.

Considere $\hat{\eta} \in C^{\infty}(M)$ função corte tal que $0 \leq \hat{\eta} \leq 1$, $\hat{\eta} = 0$ em $B_{\delta/2}(x_0)$ e $\hat{\eta} = 1$ em $M - B_{\delta}(x_0)$. Sabemos que para cada ε, U_ε satisfaz o sistema (S). Multiplicando cada equação deste sistema por $\hat{\eta}u_i^\varepsilon$, somando-as e integrando sobre M, obtemos

$$\sum_{i=1}^{k}\int_M -\Delta_g u_i^\varepsilon(\hat{\eta}u_i^\varepsilon)\,dv_g + \int_M \hat{\eta}H_\varepsilon(x,U_\varepsilon)\,dv_g = \lambda_\varepsilon\int_M F(U_\varepsilon)\,\hat{\eta}dv_g$$

onde aqui usamos a proposição 21. Chamemos o segundo termo do lado esquerdo de A e o termo do lado direito de B. Assim,

$$\begin{aligned} B - A &= \sum_{i=1}^{k}\int_M -\Delta_g u_i^\varepsilon(\hat{\eta}u_i^\varepsilon)\,dv_g = \sum_{i=1}^{k}\int_M \nabla_g u_i^\varepsilon.\nabla_g(\hat{\eta}u_i^\varepsilon)\,dv_g \\ &= \sum_{i=1}^{k}\int_M \nabla_g u_i^\varepsilon.(\hat{\eta}\nabla_g u_i^\varepsilon + u_i^\varepsilon\nabla_g\hat{\eta})\,dv_g \\ &= \sum_{i=1}^{k}\left[\int_M \hat{\eta}\left|\nabla_g u_i^\varepsilon\right|^2 dv_g + \frac{1}{2}\int_M \nabla_g(u_i^\varepsilon)^2\,\nabla_g\hat{\eta}dv_g\right] \\ &= \sum_{i=1}^{k}\int_M \hat{\eta}\left|\nabla_g u_i^\varepsilon\right|^2 dv_g + \frac{1}{2}\int_M (-\Delta_g\hat{\eta})\left|U_\varepsilon\right|^2 dv_g \end{aligned}$$

obtendo então

$$\int_M \hat{\eta}\left|\nabla_g U_\varepsilon\right|^2 dv_g = -\frac{1}{2}\int_M -\Delta_g\hat{\eta}\left|U_\varepsilon\right|^2 dv_g - \int_M \hat{\eta}H_\varepsilon(x,U_\varepsilon)\,dv_g + \lambda_\varepsilon\int_M \hat{\eta}F(U_\varepsilon)\,dv_g. \tag{4.20}$$

Por outro lado, usando a proposição (4) temos que $F(U_\varepsilon(x)) \to 0$ quando $\varepsilon \to 0$ e $x \neq x_0$. Assim, para ε pequeno o bastante e para todo $x \in M - B_{\delta/2}(x_0)$,

$$\lambda_\varepsilon F(U_\varepsilon) \leq \frac{1}{2}H_\varepsilon(x,U_\varepsilon).$$

Assim,

$$\lambda_\varepsilon\int_{M-B_{\delta/2}(x_0)} \hat{\eta}F(U_\varepsilon)\,dv_g \leq \frac{1}{2}\int_{M-B_{\delta/2}(x_0)} \hat{\eta}H_\varepsilon(x,U_\varepsilon)$$

e como $\hat{\eta} = 0$ em $B_{\delta/2}(x_0)$,

$$\lambda_\varepsilon\int_M \hat{\eta}F(U_\varepsilon)\,dv_g \leq \frac{1}{2}\int_M \hat{\eta}H_\varepsilon(x,U_\varepsilon)$$

e levando em (4.20) obtemos

$$\begin{aligned} \int_M \hat{\eta}\left|\nabla_g U_\varepsilon\right|^2 dv_g + \frac{1}{2}\int_M \hat{\eta}H_\varepsilon(x,U_\varepsilon)\,dv_g &\leq -\frac{1}{2}\int_M -\Delta_g\hat{\eta}\left|U_\varepsilon\right|^2 dv_g \\ &\leq C\int_{B_\delta(x_0)-B_{\delta/2}(x_0)} \left|U_\varepsilon\right|^2 dv_g, \end{aligned}$$

onde a constante C não depende de ε, uma vez que $-c_0 \leq -\Delta_g\hat{\eta} \leq c_1$, com c_0 e $c_1 > 0$. Por outro lado, como H_ε satisfaz o passo 2 então para ε suficientemente pequeno e $\forall x \in M - B_\delta(x_0)$, temos que

$H_\varepsilon(x,t) \geq 2|t|^2$, para qualquer (x,t). Deste modo,

$$\begin{aligned}\int_M \hat{\eta}\left|\nabla_g U_\varepsilon\right|^2 dv_g + \frac{1}{2}\int_M \hat{\eta} H_\varepsilon(x,U_\varepsilon)\,dv_g &\geq \int_{M-B_\delta(x_0)} \hat{\eta}\left|\nabla_g U_\varepsilon\right|^2 dv_g + \frac{1}{2}\int_{M-B_\delta(x_0)} \hat{\eta} H_\varepsilon(x,U_\varepsilon)\,dv_g \\ &\geq \int_{M-B_\delta(x_0)} \hat{\eta}\left|\nabla_g U_\varepsilon\right|^2 dv_g + \int_{M-B_\delta(x_0)} \hat{\eta}\left|U_\varepsilon\right|^2 dv_g \\ &= \left\|U_\varepsilon\right\|^2_{H_k^{1,2}(M-B_\delta(x_0))},\end{aligned}$$

ou seja, para δ suficientemente pequeno de modo que g seja flat em $B_{2\delta}(x_0)$,

$$\int_{B_{2\delta}(x_0)-B_\delta(x_0)} \left|U_\varepsilon\right|^2 dx \leq \left\|U_\varepsilon\right\|^2_{H_k^{1,2}(M-B_\delta(x_0))} \leq C\int_{B_\delta(x_0)-B_{\delta/2}(x_0)} \left|U_\varepsilon\right|^2 dx. \tag{4.21}$$

Juntando então as desigualdades (4.18) e (4.21) chegamos a

$$b(\varepsilon)\int_{B_\delta(x_0)} r^2\left|U_\varepsilon\right|^2 dx \leq \frac{C}{\delta^2}\int_{B_\delta(x_0)-B_{\delta/2}(x_0)} \left|U_\varepsilon\right|^2 dx.$$

Mas por um lado,

$$b(\varepsilon)\int_{B_\delta(x_0)-B_{\delta/2}(x_0)} r^2\left|U_\varepsilon\right|^2 dx \leq b(\varepsilon)\int_{B_\delta(x_0)} r^2\left|U_\varepsilon\right|^2 dx$$

e por outro

$$\frac{C}{\delta^2}\int_{B_\delta(x_0)-B_{\delta/2}(x_0)} \left|U_\varepsilon\right|^2 dx \leq \frac{\hat{C}}{\delta^2}\int_{B_\delta(x_0)-B_{\delta/2}(x_0)} r^2\left|U_\varepsilon\right|^2 dx$$

com $\hat{C} > 0$ não dependendo de ε, claro. Assim,

$$b(\varepsilon)\int_{B_\delta(x_0)-B_{\delta/2}(x_0)} r^2\left|U_\varepsilon\right|^2 dx \leq \frac{\hat{C}}{\delta^2}\int_{B_\delta(x_0)-B_{\delta/2}(x_0)} r^2\left|U_\varepsilon\right|^2 dx$$

ou equivalentemente, $\forall\varepsilon$,

$$b(\varepsilon) \leq \frac{\hat{C}}{\delta^2},$$

absurdo pois $b(\varepsilon) \to +\infty$ quando $\varepsilon \to 0$. Logo $U_0 \equiv 0$ e $U_0 \not\equiv 0$ estão descartados e isto é impossível. Finalizando a prova deste teorema.

O segundo resultado versa sobre condições para as quais tanto $(D1)$ como $(D2)$ ocorram. De fato, mostramos tal asserção no caso especial $G(x,t) = |t|^2$. A partir de algumas ideias usadas na solução do problema da função crítica prescrita, esperamos estender o seguinte resultado para funções G bem mais gerais.

No entanto, antes de prosseguirmos, temos uma dívida a ser paga. Trata-se da prova da proposição 19 que aparece no capítulo 3 e cuja demonstração ficou postergada por motivos que ficarão óbvios nas linhas que seguem.

Prova da proposição 19 :

Sejam $x_0 \in M$ tal que $W_g \equiv 0$ em V_{x_0} e $f : M \to \mathbb{R}$ suave, não negativa com $f(x_0) = 0$. Queremos mostrar que existe $g_f \in [g]$ tal que

$$G(x,t) = \left[a(x)\max_M(S_{\tilde{g}}) - f\right]|t|^2$$

é fracamente crítica para g_f segundo F, além de que $\max_M \left(S_{g_f}\right) = S_{g_f}(x_0)$. Como no teorema anterior, podemos assumir que, a menos de mudança conforme, a métrica g é flat em $B_{2\delta}(x_0)$, $\delta > 0$ pequeno o suficiente.

Defina o conjunto

$$[g]_{\max} = \left\{\tilde{g} \in [g] \ ; \ S_{\tilde{g}}(x_0) = \max_M (S_{\tilde{g}})\right\},$$

(mais adiante mostraremos que $[g]_{\max} \neq \emptyset$). Suponha por absurdo que para qualquer métrica $\tilde{g} \in [g]_{\max}$, a função G seja subcrítica para $\tilde{g}$ segundo F, ou seja,

$$\mu_{\tilde{g},F,G} < \left(M_F^{2/2^*} \mathcal{A}_0(n)\right)^{-1}.$$

Se escrevermos $\tilde{g} = \varphi^{2^*-2} g$ então como no passo 1 do teorema anterior teremos que $J_{g,F,H_\varphi}(\varphi U) = J_{\tilde{g},F,G}(U)$ para toda $U \in H_k^{1,2}(M)$, onde H_φ é dada por

$$H_\varphi(x,t) = \left\{\varphi^{2^*-2}\left[a(n)\max_M (S_{\tilde{g}}) - a(n) S_{\tilde{g}} - f\right] + a(n) S_g\right\} |t|^2.$$

Sendo assim, H_φ é subcrítica para g segundo F seja qual for $\varphi \in C^\infty(M)$, com $\varphi > 0$. Os passos $2, 3, 4$ e 5 seguem exatamente iguais e portanto, como lá (teorema 1), geram um absurdo. Logo, desde que $[g]_{\max} \neq \emptyset$, existe métrica $g_f \in [g]_{\max}$ tal que G é fracamente crítica para g_f segundo F. Resta mostrar então que $[g]_{\max}$ é não vazio.

No passo 2 do teorema anterior geramos uma função $\tilde{\varphi}_\varepsilon \in C^\infty(M)$, $\tilde{\varphi}_\varepsilon > 0$ tal que a igualdade (4.17) era atingida exatamente em $x = x_0$, ou seja,

$$\max_M \left(\frac{-\Delta_g \tilde{\varphi}_\varepsilon + a(n) S_g \tilde{\varphi}_\varepsilon}{\tilde{\varphi}_\varepsilon^{2^*-1}}\right) = \frac{-\Delta_g \tilde{\varphi}_\varepsilon(x_0) + a(n) S_g(x_0) \tilde{\varphi}_\varepsilon(x_0)}{\tilde{\varphi}_\varepsilon^{2^*-1}(x_0)}. \tag{4.22}$$

Por outro lado, se escrevermos $g_\varepsilon = \tilde{\varphi}_\varepsilon^{2^*-2} g$ então por [2] segue que $\forall x \in M$,

$$\frac{-\Delta_g \tilde{\varphi}_\varepsilon + a(n) S_g \tilde{\varphi}_\varepsilon}{\tilde{\varphi}_\varepsilon^{2^*-1}} = a(n) S_{\tilde{\varphi}_\varepsilon}$$

e portanto, substituindo em (4.22),

$$a(n) \max_M \left(S_{\tilde{\varphi}_\varepsilon}\right) = a(n) S_{\tilde{\varphi}_\varepsilon}(x_0)$$

e consequentemente $g_\varepsilon \in [g]_{\max}$. Finalizando a prova.

Observe que na proposição acima podemos ter $f \equiv 0$. Agora sim podemos mostrar o último resultado desta tese. Trata-se do

Teorema 4 *Sejam (M,g) variedade riemanniana suave, compacta,* $\dim M = n \geq 7$ *e não conformalmente difeomorfa à $(\mathbb{S}^n, h)$. Suponha que exista $x_0 \in M$ tal que $W_g \equiv 0$ numa vizinhança de x_0. Dada $G : M \times \mathbb{R}^k \to \mathbb{R}$ tal que $G(x,t) = |t|^2$, então existe $\hat{g} \in [g]$ tal que*

$$\mathcal{B}_0(\tilde{g}, F, G)\, G(\tilde{x}, t_0) = a(n) M_F^{2/2^*} \mathcal{A}_0(n) S_{\tilde{g}}(\tilde{x}),$$

para algum $\tilde{x} \in M$ e para todo $t_0 \in \mathbb{S}_2^{k-1}$ tal que $F(t_0) = M_F$ e a desigualdade ótima de Sobolev vetorial $(J_{\hat{g},opt}^{F,G})$ possui extremais constantes.

Prova. Considere, a menos de mudança conforme, que g é flat em $B_{2\delta}(x_0)$, com $\delta > 0$ pequeno o bastante. De acordo com a proposição 19 (e sua prova), existe $\tilde{g} \in [g]$, digamos $\tilde{g} = \varphi^{2^*-2}g$ tal que

(i) $\tilde{G}(x,t) = a(n)\max_M S_{\tilde{g}}|t|^2$ é fracamente crítica para $\tilde{g}$ segundo F.

(ii) $S_{\tilde{g}}$ atinge seu máximo em x_0 e

(iii) $[\max_M(S_{\tilde{g}}) - S_{\tilde{g}}]|t|^2 \geq \rho r^2|t|^2$, $\forall t \in \mathbb{R}^k$. Aqui $\rho > 0$ e $r(x) = d_g(x, x_0)$.

Observe que $\tilde{G}$ é fracamente crítica para $\tilde{g}$ segundo F mas não é crítica uma vez que basta tormarmos $f \geq 0$, não nula e com $f(x_0) = 0$ para obtermos, segundo a proposição 19, uma outra função fracamente crítica H tal que

$$\tilde{G} \geq H = \left[a(n)\max_M(S_{\tilde{g}}) - f\right]|t|^2,$$

impossibilitando a criticidade de $\tilde{G}$. Note também que os itens (ii) e (iii) aparecem no passo 2 da demonstração da proposição 19.

Para $\varepsilon \in [0,1]$ ponha

$$\tilde{G}_\varepsilon(x,t) = \varepsilon\tilde{G}(x,t) + (1-\varepsilon)a(n)S_{\tilde{g}}|t|^2$$

e então

$$\hat{G}_\varepsilon(x,t) = a(n)S_g|t|^2 + \varphi^{2^*-2}\left[\tilde{G}_\varepsilon(x,t) - a(n)S_{\tilde{g}}|t|^2\right].$$

A primeira afirmação que fazemos é a de que

$$J_{\tilde{g},F,\tilde{G}_\varepsilon}(U) = J_{g,F,\hat{G}_\varepsilon}(\varphi U) \tag{4.23}$$

para toda $U \in H_k^{1,2}(M) - \{0\}$. De fato, como $dv_{\tilde{g}} = \varphi^{2^*}dv_g$ então

$$\int_M F(U)\,dv_{\tilde{g}} = \int_M F(\varphi U)\,dv_g.$$

Por outro lado,

$$\begin{aligned}\int_M |\nabla_g(\varphi U)|^2 dv_g + \int_M \hat{G}_\varepsilon(x,\varphi U)\,dv_g &= \sum_{i=1}^k \int_M |\nabla_g(\varphi u_i)|^2 dv_g \\ &\quad + \int_M \varphi^2\hat{G}_\varepsilon(x,U)\,dv_g \\ &= \sum_{i=1}^k \int_M u_i^2|\nabla_g\varphi|^2 + 2u_i\varphi g(\nabla_g u_i, \nabla_g\varphi)\,dv_g \\ &\quad + \int_M \varphi^2|\nabla_g u_i|^2 dv_g + \int_M \varphi^2\hat{G}_\varepsilon(x,U)\,dv_g.\end{aligned} \tag{4.24}$$

Por outro lado, temos que $\forall u \in H^{1,2}(M)$, $|\nabla_g u|^2 - \varphi^{4/n-2}|\nabla_{\tilde{g}}u|^2$ (veja [7]). Assim, para todo $i = 1, ..., k$,

$$\int_M \varphi^2|\nabla_g u_i|^2 dv_g = \int_M \varphi^2\varphi^{4/n-2}|\nabla_{\tilde{g}}u_i|^2\varphi^{-2^*}dv_{\tilde{g}}.$$

Além disso, temos que

$$\int_M -\Delta_g\varphi\left(u_i^2\varphi\right)dv_g = \int_M u_i^2|\nabla_g\varphi|^2 + 2u_i\varphi g(\nabla_g\varphi, \nabla_g u_i)\,dv_g$$

e de $-\Delta_g \varphi + a(n) S_g \varphi = a(n) S_{\tilde{g}} \varphi^{2^*-1}$ (veja [2]) temos que

$$\int_M -\Delta_g \varphi \left(u_i^2 \varphi\right) dv_g = \int_M a(n) S_{\tilde{g}} u_i^2 \varphi^{2^*} dv_g - \int_M a(n) u_i^2 \varphi^2 dv_g.$$

Aplicando isto em (4.24) chegamos a

$$\begin{aligned}
\int_M |\nabla_g (\varphi U)|^2 dv_g + \int_M \hat{G}_\varepsilon (x, \varphi U) dv_g &= \sum_{i=1}^k \left[\int_M |\nabla_{\tilde{g}} u_i|^2 dv_{\tilde{g}} + \int_M a(n) S_{\tilde{g}} u_i^2 \varphi^{2^*} dv_g \right.\\
&\quad \left. - \int_M a(n) u_i^2 \varphi^2 dv_g\right] + \int_M \varphi^2 a(n) S_g |U|^2 dv_g \\
&\quad + \int_M \varphi^{2^*} \left[\tilde{G}_\varepsilon (x, U) - a(n) S_{\tilde{g}} |U|^2\right] dv_g \\
&= \int_M |\nabla_{\tilde{g}} U|^2 dv_{\tilde{g}} + \int_M \tilde{G}_\varepsilon (x, U) dv_{\tilde{g}}.
\end{aligned}$$

Como queríamos mostrar. Continuando, da igualdade (4.23) segue que

$$\mu_{g,F,\hat{G}_0} < \left(M_F^{2/2^*} \mathcal{A}_0(n)\right)^{-1} \text{ e que } \mu_{g,F,\hat{G}_1} = \left(M_F^{2/2^*} \mathcal{A}_0(n)\right)^{-1},$$

uma vez que $\mu_{g,F,\hat{G}_1} = \mu_{\tilde{g},F,\tilde{G}_1}$ e $\tilde{G}_1 = \tilde{G}$ que é fracamente crítica para $\tilde{g}$ segundo F. Quanto à restante, temos que

$$\tilde{G}_0 (x,t) = a(n) S_{\tilde{g}} |t|^2$$

e a proposição 12 nos diz que $\tilde{G}_0$ é subcrítica para $\tilde{g}$ segundo F. Logo,

$$\mu_{g,F,\hat{G}_0} = \mu_{\tilde{g},F,\tilde{G}_0} < \left(M_F^{2/2^*} \mathcal{A}_0(n)\right)^{-1}.$$

Desta forma, existe $\varepsilon_0 \in [0,1]$ tal que

$$\varepsilon_0 = \sup\left\{\varepsilon \in [0,1] \; ; \; \mu_{g,F,\hat{G}_\varepsilon} < \left(M_F^{2/2^*} \mathcal{A}_0(n)\right)^{-1}\right\}.$$

Note que $\mu_{g,F,\hat{G}_{\varepsilon_0}} = \left(M_F^{2/2^*} \mathcal{A}_0(n)\right)^{-1}$. Defina então

$$G_\varepsilon (x,t) = \hat{G}_{\varepsilon\varepsilon_0} (x,t).$$

Observe que por compacidade de M e pela proposição 19 podemos escolher ρ grande o bastante em (iii) de modo que, para ε próximo o suficiente de 1, G_ε seja positiva. Continuando, temos então que para $\varepsilon \in [0,1]$,

$$\begin{aligned}
\mu_{g,F,G_1} &= \mu_{g,F,\hat{G}_{\varepsilon_0}} = \left(M_F^{2/2^*} \mathcal{A}_0(n)\right)^{-1} \text{ e} \\
\mu_{g,F,G_\varepsilon} &= \mu_{g,F,\hat{G}_{\varepsilon\varepsilon_0}} < \left(M_F^{2/2^*} \mathcal{A}_0(n)\right)^{-1}.
\end{aligned}$$

Agora, pondo $\lambda_\varepsilon = \mu_{g,F,G_\varepsilon}$ temos que $\lambda_\varepsilon \to \left(M_F^{2/2^*} \mathcal{A}_0(n)\right)^{-1}$ quando $\varepsilon \to 1$ e que (pelo descrito logo após a proposição (3)) a existência de $U_\varepsilon \in H_k^{1,2}(M)$ suave tal que satisfaça

$$\begin{cases} -\Delta_g u_\varepsilon^i + \frac{1}{2} \frac{\partial}{\partial t_i} G_\varepsilon (x, U_\varepsilon) = \frac{\lambda_\varepsilon}{2^*} \frac{\partial}{\partial t_i} F(U_\varepsilon) \text{ em } M, \text{ com } i = 1, ..., k \\ \int_M F(U_\varepsilon) dv_g = 1. \end{cases} \qquad (S_\varepsilon)$$

Claramente a sequência (U_ε) é limitada em $H_k^{1,2}(M)$ e, portanto, existe $U_0 \in H_k^{1,2}(M)$ tal que

$$\begin{aligned} U_\varepsilon &\rightharpoonup U_0 \text{ em } H_k^{1,2}(M) \\ U_\varepsilon &\to U_0 \text{ em } L_k^2(M). \end{aligned}$$

Como sabemos, podemos ter então $U_0 \equiv 0$ ou $U_0 \not\equiv 0$. Afirmamos que $U_0 \equiv 0$ não ocorre, ou seja, não ocorre blow up. Para provar isto, suponha que $U_0 \equiv 0$ e seja $\tilde{x}_0$ o único ponto de acumulação de (U_ε).

Passo 1: $x_0 = \tilde{x}_0$.

Para $\delta > 0$ pequeno e $x \in B_\delta(0) \subset \mathbb{R}^n$, ponha

$$g_\varepsilon(x) = \left(\exp_{x_\varepsilon}^* g\right)(x) \text{ e } V_\varepsilon(x) = U_\varepsilon\left(\exp_{x_\varepsilon}(x)\right),$$

onde, como no capítulo 2, $x_\varepsilon \in M$ é ponto de máximo de $|U_\varepsilon|$. Tome $\eta \in C^\infty(M)$ função corte tal que $0 \leq \eta \leq 1$, $\eta = 1$ em $B_{\delta/2}(0)$, $\eta = 0$ em $\mathbb{R}^n - B_\delta(0)$ e $|\nabla\eta| \leq C/\delta$. Aplicando $U = \eta V_\varepsilon$ na desigualdade vetorial ótima de Sobolev euclidiana, temos

$$\left(\int_{B_\delta(0)} F(\eta V_\varepsilon)\,dx\right)^{2/2^*} \leq M_F^{2/2^*}\mathcal{A}_0(n)\int_{B_\delta(0)} |\nabla(\eta V_\varepsilon)|^2\,dx. \tag{4.25}$$

Por outro lado,

$$\int_{B_\delta(0)} |\nabla(\eta V_\varepsilon)|^2\,dx = \sum_{i=1}^{k}\int_{B_\delta(0)} \eta^2\left|\nabla v_\varepsilon^i\right|^2 + 2\eta v_\varepsilon^i\nabla\eta.\nabla v_\varepsilon^i + \left(v_\varepsilon^i\right)^2|\nabla\eta|^2\,dx,$$

e como

$$\int_{B_\delta(0)} \left(v_\varepsilon^i\right)^2|\nabla\eta|^2\,dx \leq \frac{C}{\delta^2}\int_{B_\delta(0)-B_{\delta/2}(0)} \left(v_\varepsilon^i\right)^2 dx$$

e, por integração por partes,

$$\int_{B_\delta(0)} -\Delta v_\varepsilon^i\left(\eta^2 v_\varepsilon^i\right)dx = \int_{B_\delta(0)} \eta^2\left|\nabla v_\varepsilon^i\right|^2 + 2\eta v_\varepsilon^i\nabla\eta.\nabla v_\varepsilon^i dx$$

então, $\forall i = 1, ..., k$,

$$\int_{B_\delta(0)} \left|\nabla\left(\eta v_\varepsilon^i\right)\right|^2 dx \leq \frac{C}{\delta^2}\int_{B_\delta(0)-B_{\delta/2}(0)} \left(v_\varepsilon^i\right)^2 dx + \int_{B_\delta(0)} -\Delta v_\varepsilon^i\left(\eta^2 v_\varepsilon^i\right)dx.$$

Agora, pela definição da métrica g_ε, temos que (veja [10]),

$$-\Delta v_\varepsilon^i = -\Delta_{g_\varepsilon} v_\varepsilon^i + \left(g_\varepsilon^{lj} - \delta^{lj}\right)\partial_{lj}v_\varepsilon^i - g_\varepsilon^{lj}.\Gamma(g_\varepsilon)_{lj}^m\,\partial_m v_\varepsilon^i$$

onde foi adotada a convenção de Einstein para a soma em l, j, m e Δ é o operador laplaciano euclidiano. Portanto,

$$\begin{aligned} \int_{B_\delta(0)} \left|\nabla\left(\eta v_\varepsilon^i\right)\right|^2 dx &\leq \frac{C}{\delta^2}\int_{B_\delta(0)-B_{\delta/2}(0)} \left(v_\varepsilon^i\right)^2 dx \\ &\quad + \int_{B_\delta(0)} \eta^2 v_\varepsilon^i\left[-\Delta_{g_\varepsilon} v_\varepsilon^i + \left(g_\varepsilon^{lj} - \delta^{lj}\right)\partial_{lj}v_\varepsilon^i - g_\varepsilon^{lj}.\Gamma(g_\varepsilon)_{lj}^m\,\partial_m v_\varepsilon^i\right]dx \\ &= \int_{B_\delta(0)} -\Delta_{g_\varepsilon} v_\varepsilon^i\left(\eta^2 v_\varepsilon^i\right)dx + \frac{C}{\delta^2}\int_{B_\delta(0)-B_{\delta/2}(0)} \left(v_\varepsilon^i\right)^2 dx \\ &\quad + \int_{B_\delta(0)} \eta^2 v_\varepsilon^i\left(g_\varepsilon^{lj} - \delta^{lj}\right)\partial_{lj}v_\varepsilon^i dx - \int_{B_\delta(0)} \eta^2 v_\varepsilon^i g_\varepsilon^{lj}.\Gamma(g_\varepsilon)_{lj}^m\,\partial_m v_\varepsilon^i dx. \end{aligned}$$

Em outra mão, temos que V_ε satisfaz (veja [4]),

$$-\Delta_{g_\varepsilon} v_\varepsilon^i + \frac{1}{2}\frac{\partial}{\partial t_i} G_\varepsilon\left(\exp_{x_\varepsilon} x, V_\varepsilon\right) = \frac{\lambda_\varepsilon}{2^*}\frac{\partial}{\partial t_i} F\left(V_\varepsilon\right),\ i = 1, ..., k$$

onde por simplicidade escreveremos doravante $\exp_{x_\varepsilon} x = x$. Usando estas equações e integração por partes nas duas últimas integrais da desigualdade acima,

$$\begin{aligned}
\int_{B_\delta(0)} \left|\nabla\left(\eta V_\varepsilon\right)\right|^2 dx \leq & \int_{B_\delta(0)} \sum_{i=1}^{k} \eta^2 v_\varepsilon^i \left[\frac{\lambda_\varepsilon}{2^*} F\left(V_\varepsilon\right) - \frac{1}{2} G_\varepsilon\left(x, V_\varepsilon\right)\right] dx \\
& + \frac{C}{\delta^2} \int_{B_\delta(0) - B_{\delta/2}(0)} \left|V_\varepsilon\right|^2 dx \\
& + \sum_{i=1}^{k} \frac{1}{2} \int_{B_\delta(0)} \left(\eta v_\varepsilon^i\right)^2 \left[\partial_m\left(g_\varepsilon^{lj}\Gamma\left(g_\varepsilon\right)_{lj}^m\right) + \partial_{lj} g_\varepsilon^{lj}\right] dx \\
& - \sum_{i=1}^{k} \int_{B_\delta(0)} \eta^2 \left(g_\varepsilon^{lj} - \delta^{lj}\right) \partial_l v_\varepsilon^i \partial_j v_\varepsilon^i dx.
\end{aligned}$$

Deste modo, pela proposição 21,

$$\begin{aligned}
\int_{B_\delta(0)} \left|\nabla\left(\eta V_\varepsilon\right)\right|^2 dx \leq & \int_{B_\delta(0)} \lambda_\varepsilon \eta^2 F\left(V_\varepsilon\right) dx - \int_{B_\delta(0)} \eta^2 G_\varepsilon\left(x, V_\varepsilon\right) dx + \frac{C}{\delta^2} \int_{B_\delta(0) - B_{\delta/2}(0)} \left|V_\varepsilon\right|^2 dx \\
& + \sum_{i=1}^{k} \frac{1}{2} \int_{B_\delta(0)} \left(\eta v_\varepsilon^i\right)^2 \left[\partial_m\left(g_\varepsilon^{lj}\Gamma\left(g_\varepsilon\right)_{lj}^m\right) + \partial_{lj} g_\varepsilon^{lj}\right] dx \\
& - \sum_{i=1}^{k} \int_{B_\delta(0)} \eta^2 \left(g_\varepsilon^{lj} - \delta^{lj}\right) \partial_l v_\varepsilon^i \partial_j v_\varepsilon^i dx.
\end{aligned}$$

Chamemos as duas últimas somatórias de $\sum B_\varepsilon^i$ e $\sum C_\varepsilon^i$ respectivamente. Assim,

$$\begin{aligned}
\int_{B_\delta(0)} \eta^2 G_\varepsilon\left(x, V_\varepsilon\right) dx \leq & \left(M_F^{2/2^*} \mathcal{A}_0(n)\right)^{-1} \int_{B_\delta(0)} \eta^2 F\left(V_\varepsilon\right) dx - \int_{B_\delta(0)} \left|\nabla\left(\eta V_\varepsilon\right)\right|^2 dx \\
& + \frac{C}{\delta^2} \int_{B_\delta(0) - B_{\delta/2}(0)} \left|V_\varepsilon\right|^2 dx + \sum B_\varepsilon^i - \sum C_\varepsilon^i,
\end{aligned}$$

e por (4.25),

$$\begin{aligned}
\int_{B_\delta(0)} \eta^2 G_\varepsilon\left(x, V_\varepsilon\right) dx \leq & \left(M_F^{2/2^*} \mathcal{A}_0(n)\right)^{-1} \left[\int_{B_\delta(0)} \eta^2 F\left(V_\varepsilon\right) dx - \left(\int_{B_\delta(0)} \eta^{2^*} F\left(V_\varepsilon\right) dx\right)^{2/2^*}\right] \\
& + \frac{C}{\delta^2} \int_{B_\delta(0) - B_{\delta/2}(0)} \left|V_\varepsilon\right|^2 dx + \sum B_\varepsilon^i - \sum C_\varepsilon^i.
\end{aligned}$$

Chamemos o termo entre colchetes de A_ε. Chegamos então a

$$\begin{aligned}
\frac{\int_{B_\delta(0)} \eta^2 G_\varepsilon\left(x, V_\varepsilon\right) dx}{\int_{B_\delta(0)} \left|V_\varepsilon\right|^2 dx} \leq & \frac{C}{\delta^2} \frac{\int_{B_\delta(0) - B_{\delta/2}(0)} \left|V_\varepsilon\right|^2 dx}{\int_{B_\delta(0)} \left|V_\varepsilon\right|^2 dx} + \frac{\left(M_F^{2/2^*} \mathcal{A}_0(n)\right)^{-1} A_\varepsilon}{\int_{B_\delta(0)} \left|V_\varepsilon\right|^2 dx} \\
& + \frac{\sum B_\varepsilon^i - \sum C_\varepsilon^i}{\int_{B_\delta(0)} \left|V_\varepsilon\right|^2 dx}
\end{aligned} \tag{4.26}$$

Estudemos então esta desigualdade quando $\varepsilon \to 1$. Primeiramente, observe que para todo $\tilde{t} \in \mathbb{S}_2^{k-1}$ vale

$$G_\varepsilon(x, V_\varepsilon) = G_\varepsilon\left(x, \tilde{t}\right)|V_\varepsilon|^2$$

pois $\left|\tilde{t}\right|^2 = 1$. Em particular, tomando t_0 tal que $F(t_0) = M_F$,

$$\int_{B_\delta(0)} \eta^2 G_\varepsilon(x, V_\varepsilon)\,dx = \int_{B_\delta(0)} \eta^2 G_\varepsilon(x, t_0)|V_\varepsilon|^2\,dx$$

e consequentemente,

$$\frac{\int_{B_\delta(0)} \eta^2 G_\varepsilon(x,t_0)|V_\varepsilon|^2\,dx}{\int_{B_\delta(0)}|V_\varepsilon|^2\,dx} = \underbrace{\frac{\int_{B_\delta(0)-B_{\delta/2}(0)}\left(\eta^2-1\right)G_\varepsilon(x,t_0)|V_\varepsilon|^2\,dx}{\int_{B_\delta(0)}|V_\varepsilon|^2\,dx}}_{D} + \underbrace{\frac{\int_{B_{\delta/2}(0)} G_\varepsilon(x,t_0)|V_\varepsilon|^2\,dx}{\int_{B_\delta(0)}|V_\varepsilon|^2\,dx}}_{E}.$$

Ora,

$$\begin{aligned} D &\leq \max_{B_\delta(0)-B_{\delta/2}(0)}\left|G_\varepsilon(x,t_0)\left(\eta^2-1\right)\right|\frac{\int_{B_\delta(0)-B_{\delta/2}(0)}|V_\varepsilon|^2\,dx}{\int_{B_\delta(0)}|V_\varepsilon|^2\,dx} \\ &\underset{\varepsilon\to1}{\longrightarrow} \max_{B_\delta(0)-B_{\delta/2}(0)}\left|G_1(x,t_0)\left(\eta^2-1\right)\right|.0 = 0 \end{aligned}$$

onde usamos a proposição 6. Sendo $\tilde{x}_0$ ponto de blow up, então

$$E = G_\varepsilon(\tilde{x}_0, t_0) + h(\delta)$$

onde $h(\delta) \to 0$ quando $\delta \to 0$. Assim, temos que

$$\lim_{\varepsilon\to1}\frac{\int_{B_\delta(0)}\eta^2 G_\varepsilon(x,V_\varepsilon)\,dx}{\int_{B_\delta(0)}|V_\varepsilon|^2\,dx} = G_1(\tilde{x}_0,t_0) + h(\delta). \tag{4.27}$$

Por outro lado, pelas contas contidas no Apêndice 1, temos que

$$\begin{aligned} \limsup_{\varepsilon\to1}\frac{\left(M_F^{2/2^*}\mathcal{A}_0(n)\right)^{-1}A_\varepsilon}{\int_{B_\delta(0)}|V_\varepsilon|^2\,dx} &\leq \frac{(n-4)}{12(n-1)}S_g(\tilde{x}_0) + h(\delta), \qquad (4.28)\\ \limsup_{\varepsilon\to1}\frac{\sum B_\varepsilon^i}{\int_{B_\delta(0)}|V_\varepsilon|^2\,dx} &\leq \frac{1}{6}S_g(\tilde{x}_0) + h(\delta) \text{ e} \\ \limsup_{\varepsilon\to1}\frac{-\sum C_\varepsilon^i}{\int_{B_\delta(0)}|V_\varepsilon|^2\,dx} &\leq h(\delta), \end{aligned}$$

e assim, de

$$\limsup_{\varepsilon\to1}\frac{\int_{B_\delta(0)}\eta^2 G_\varepsilon(x,V_\varepsilon)\,dx}{\int_{B_\delta(0)}|V_\varepsilon|^2\,dx} \leq \limsup_{\varepsilon\to1}\frac{\left(M_F^{2/2^*}\mathcal{A}_0(n)\right)^{-1}A_\varepsilon + \sum B_\varepsilon^i - \sum C_\varepsilon^i}{\int_{B_\delta(0)}|V_\varepsilon|^2\,dx},$$

temos que

$$G_1(\tilde{x}_0,t_0) + h(\delta) \leq a(n)\,S_g(\tilde{x}_0) + h(\delta),$$

fazendo $\delta \to 0$ chegamos em

$$G_1(\tilde{x}_0,t_0) \leq a(n)\,S_g(\tilde{x}_0).$$

Por outro lado, sabemos que $G_1(\tilde{x}_0, t_0) \geq a(n) S_g(\tilde{x}_0)$. Logo

$$G_1(\tilde{x}_0, t_0) = a(n) S_g(\tilde{x}_0).$$

Com isso, encontramos que $\max_M(S_{\tilde{g}}) = S_{\tilde{g}}(\tilde{x}_0)$ pois

$$\begin{aligned} a(n) S_g(\tilde{x}_0) &= G_1(\tilde{x}_0, t_0) = a(n) S_g(\tilde{x}_0) + \varphi^{2^*-2}\Big[\varepsilon_0 a(n) \max_M (S_{\tilde{g}}) + (1-\varepsilon_0) a(n) S_{\tilde{g}}(\tilde{x}_0) \\ &\quad - a(n) S_{\tilde{g}}(\tilde{x}_0)\Big]. \end{aligned}$$

Agora, suponha que $x_0 \neq \tilde{x}_0$. Isto implica que $r^2(\tilde{x}_0) > 0$ e portanto, por (iii),

$$0 = a(n) \max_M (S_{\tilde{g}}) - a(n) S_{\tilde{g}}(\tilde{x}_0) \geq \rho r^2(\tilde{x}_0) > 0.$$

Absurdo. Logo $x_0 = \tilde{x}_0$, finalizando o passo 1.

Passo 2 : **Melhorando a concentração** L^2.

Neste próximo passo obteremos uma nova estimativa L^2, à semelhança daquela feita na proposição 6. Pelas estimativas de De Giorgi-Nash-Moser que aparecem no apêndice D de [5], temos para $\theta > 0$ pequeno,

$$\begin{aligned} \int_{M - B_\theta(x_0)} |U_\varepsilon|^2 dv_g &\leq \int_M |U_\varepsilon|^2 dv_g \leq C \int_M |U_\varepsilon|^{2^*} dv_g \\ &\leq C \sup_M \left(|U_\varepsilon|^2\right) \int_M |U_\varepsilon|^{2^*-2} dv_g \\ &\leq C \int_M |U_\varepsilon|^2 dv_g \int_M |U_\varepsilon|^{2^*-2} dv_g. \end{aligned}$$

Por outro lado, para quase todo ponto $x \in M$, e utilizando Holder,

$$\int_M |U_\varepsilon|^2 dv_g = \int_M \frac{1}{r^2} r^2 |U_\varepsilon|^2 dv_g \leq \int_M \frac{1}{r^2} dv_g \int_M r^2 |U_\varepsilon|^2 dv_g \leq C \int_M r^2 |U_\varepsilon|^2 dv_g$$

e assim,

$$\frac{\int_{M - B_\theta(x_0)} |U_\varepsilon|^2 dv_g}{\int_M r^2 |U_\varepsilon|^2 dv_g} \leq C \int_M |U_\varepsilon|^{2^*-2} dv_g.$$

Agora, por Holder temos que

$$\int_M |U_\varepsilon|^{2^*-2} dv_g = \left(\int_M dv_g\right)^{1/2} \left(\int_M |U_\varepsilon|^{(2^*-2)2} dv_g\right)^{1/2} = C \left(\int_M |U_\varepsilon|^{8/(n-2)} dv_g\right)^{1/2}.$$

Para algum $p > 1$ escolhido mais abaixo,

$$\int_M |U_\varepsilon|^{8/(n-2)} dv_g \leq \left(\int_M 1^{p/(p-1)} dv_g\right)^{\frac{p-1}{p}} \left(\int_M |U_\varepsilon|^{\frac{8p}{n-2}} dv_g\right)^{1/p} \leq C \left(\int_M |U_\varepsilon|^{\frac{8p}{n-2}} dv_g\right)^{1/p}.$$

Tomando $p \geq \frac{n-2}{4} > 1$ $(n \geq 7)$ segue que

$$L^{\frac{8p}{n-2}}(M) \hookrightarrow L^2(M),$$

ou seja

$$\int_M |U_\varepsilon|^{\frac{8p}{n-2}} dv_g \leq C \int_M |U_\varepsilon|^2 dv_g \underset{\varepsilon \to 1}{\to} 0,$$

Logo,

$$\frac{\int_{M-B_\theta(x_0)} |U_\varepsilon|^2 dv_g}{\int_M r^2 |U_\varepsilon|^2 dv_g} \underset{\varepsilon\to 1}{\longrightarrow} 0.$$

Com isto, temos então que

$$0 \leq \frac{\int_{M-B_\theta(x_0)} r^2 |U_\varepsilon|^2 dv_g}{\int_M r^2 |U_\varepsilon|^2 dv_g} \leq C_\theta \frac{\int_{M-B_\theta(x_0)} |U_\varepsilon|^2 dv_g}{\int_M r^2 |U_\varepsilon|^2 dv_g} \to 0.$$

Por outro lado, logicamente

$$\frac{\int_{M-B_\theta(x_0)} r^2 |U_\varepsilon|^2 dv_g}{\int_M r^2 |U_\varepsilon|^2 dv_g} \to 0 \Rightarrow \frac{\int_M r^2 |U_\varepsilon|^2 dv_g}{\int_{M-B_\theta(x_0)} r^2 |U_\varepsilon|^2 dv_g} \to +\infty$$

e portanto,

$$\frac{\int_{M-B_\theta(x_0)} r^2 |U_\varepsilon|^2 dv_g}{\int_{M-B_\theta(x_0)} r^2 |U_\varepsilon|^2 dv_g} + \frac{\int_{B_\theta(x_0)} r^2 |U_\varepsilon|^2 dv_g}{\int_{M-B_\theta(x_0)} r^2 |U_\varepsilon|^2 dv_g} = \frac{\int_M r^2 |U_\varepsilon|^2 dv_g}{\int_{M-B_\theta(x_0)} r^2 |U_\varepsilon|^2 dv_g} \to +\infty$$

o que implica em

$$\frac{\int_{B_\theta(x_0)} r^2 |U_\varepsilon|^2 dv_g}{\int_{M-B_\theta(x_0)} r^2 |U_\varepsilon|^2 dv_g} \to +\infty$$

ou seja

$$\frac{\int_{M-B_\theta(x_0)} r^2 |U_\varepsilon|^2 dv_g}{\int_{B_\theta(x_0)} r^2 |U_\varepsilon|^2 dv_g} \to 0. \tag{4.29}$$

que é a estimativa procurada. Finalizando o passo 2.

Passo 3 : $U_0 \equiv 0$ **não pode ocorrer.**

Tome $\eta \in C^\infty(M)$ função corte tal que $0 \leq \eta \leq 1$, $\eta = 0$ em $M - B_{2\delta}(x_0)$, $\eta = 1$ em $B_\delta(x_0)$ e $|\nabla\eta| \leq C/\delta^2$. Ponha $U = \eta U_\varepsilon$ como função teste na desigualdade ótima de Sobolev vetorial euclidiana,

$$\left(\int_{B_{2\delta}(0)} F(\eta U_\varepsilon)\, dx\right)^{2/2^*} \leq M_F^{2/2^*} \mathcal{A}_0(n) \int_{B_{2\delta}(0)} |\nabla(\eta U_\varepsilon)|^2 dx.$$

Mas,

$$\begin{aligned}
\int_{B_{2\delta}(0)} |\nabla(\eta U_\varepsilon)|^2 dx &= \sum_{i=1}^k \int_{B_{2\delta}(0)} \left|\nabla\left(\eta u_\varepsilon^i\right)\right|^2 dx \\
&= \sum_{i=1}^k \int_{B_{2\delta}(0)} \left(u_\varepsilon^i\right)^2 |\nabla\eta|^2 + 2\eta u_\varepsilon^i \nabla\eta\nabla u_\varepsilon^i + \eta^2 \left|\nabla u_\varepsilon^i\right| dx \\
&= \sum_{i=1}^k \int_{B_{2\delta}(0)-B_\delta(0)} \left(u_\varepsilon^i\right)^2 |\nabla\eta|^2 dx + \int_{B_{2\delta}(0)} \left(\eta^2 u_\varepsilon^i\right)\left(-\Delta u_\varepsilon^i\right) dx \\
&\leq C/\delta^2 \sum_{i=1}^k \int_{B_{2\delta}(0)-B_\delta(0)} \left(u_\varepsilon^i\right)^2 dx + \sum_{i=1}^k \int_{B_{2\delta}(0)} \left(\eta^2 u_\varepsilon^i\right)\left(-\Delta u_\varepsilon^i\right) dx,
\end{aligned}$$

lembrando que estamos trabalhando com $g = \xi$ em $B_{2\delta}(x_0) = B_{2\delta}(0)$. Como U_ε satisfaz o sistema (S_ε) então

$$\begin{aligned}
\int_{B_{2\delta}(0)} |\nabla(\eta U_\varepsilon)|^2 dx &\le C/\delta^2 \int_{B_{2\delta}(0)-B_\delta(0)} |U_\varepsilon|^2 dx \\
&\quad + \sum_{i=1}^{k} \int_{B_{2\delta}(0)} \left(\eta^2 u_\varepsilon^i\right) \left(\frac{\lambda_\varepsilon}{2^*} \frac{\partial F}{\partial t_i}(U_\varepsilon) - \frac{1}{2} \frac{\partial G_\varepsilon}{\partial t_i}(x, U_\varepsilon) \right) dx \\
&= C/\delta^2 \int_{B_{2\delta}(0)-B_\delta(0)} |U_\varepsilon|^2 dx + \int_{B_{2\delta}(0)} \eta^2 \lambda_\varepsilon F(U_\varepsilon) - \eta^2 G_\varepsilon(x, U_\varepsilon) dx \\
&\le C/\delta^2 \int_{B_{2\delta}(0)-B_\delta(0)} |U_\varepsilon|^2 dx \\
&\quad + \int_{B_{2\delta}(0)} \left(M_F^{2/2^*} \mathcal{A}_0(n) \right)^{-1} \eta^2 F(U_\varepsilon) - \eta^2 G_\varepsilon(x, U_\varepsilon) dx.
\end{aligned}$$

Consequentemente

$$\begin{aligned}
\int_{B_{2\delta}(0)} \eta^2 G_\varepsilon(x, U_\varepsilon) dx &\le \left(M_F^{2/2^*} \mathcal{A}_0(n) \right)^{-1} \int_{B_{2\delta}(0)} \eta^2 F(U_\varepsilon) dx \\
&\quad - \int_{B_{2\delta}(0)} |\nabla(\eta U_\varepsilon)|^2 dx + C/\delta^2 \int_{B_{2\delta}(0)-B_\delta(0)} |U_\varepsilon|^2 dx \\
&\le \left(M_F^{2/2^*} \mathcal{A}_0(n) \right)^{-1} \int_{B_{2\delta}(0)} \eta^2 F(U_\varepsilon) dx \\
&\quad - \left(M_F^{2/2^*} \mathcal{A}_0(n) \right)^{-1} \left(\int_{B_{2\delta}(0)} \eta^{2^*} F(U_\varepsilon) dx \right)^{2/2^*} \\
&\quad + C/\delta^2 \int_{B_{2\delta}(0)-B_\delta(0)} |U_\varepsilon|
\end{aligned}$$

Além disso,

$$\begin{aligned}
\int_{B_{2\delta}(0)} \eta^2 F(U_\varepsilon) dx &= \int_{B_{2\delta}(0)} \eta^2 F(U_\varepsilon)^{2/2^*} F(U_\varepsilon)^{1-\frac{2}{2^*}} dx \\
&\le \left(\int_{B_{2\delta}(0)} \left(\eta^2 F(U_\varepsilon)^{2/2^*} \right)^{2^*/2} dx \right)^{\frac{2}{2^*}} \left(\int_{B_{2\delta}(0)} \left(F(U_\varepsilon)^{1-\frac{2}{2^*}} \right)^{\frac{2^*}{2^*-2}} dx \right)^{1-\frac{2}{2^*}} \\
&= \left(\int_{B_{2\delta}(0)} \eta^{2^*} F(U_\varepsilon) dx \right)^{2/2^*} \left(\int_{B_{2\delta}(0)} F(U_\varepsilon) dx \right)^{1-\frac{2}{2^*}}
\end{aligned}$$

e assim,

$$
\begin{aligned}
\int_{B_{2\delta}(0)} \eta^2 G_\varepsilon(x,U_\varepsilon)\,dx &\leq \left(M_F^{2/2^*}\mathcal{A}_0(n)\right)^{-1}\left(\int_{B_{2\delta}(0)} \eta^{2^*} F(U_\varepsilon)\,dx\right)^{2/2^*}\left(\int_{B_{2\delta}(0)} F(U_\varepsilon)\,dx\right)^{1-\frac{2}{2^*}} \\
&\quad -\left(M_F^{2/2^*}\mathcal{A}_0(n)\right)^{-1}\left(\int_{B_{2\delta}(0)} \eta^{2^*} F(U_\varepsilon)\,dx\right)^{2/2^*} \\
&\quad +C/\delta^2\int_{B_{2\delta}(0)-B_\delta(0)} |U_\varepsilon|^2\,dx \\
&= \left(M_F^{2/2^*}\mathcal{A}_0(n)\right)^{-1}\left(\int_{B_{2\delta}(0)} \eta^{2^*} F(U_\varepsilon)\,dx\right)^{2/2^*}\left[\left(\int_{B_{2\delta}(0)} F(U_\varepsilon)\,dx\right)^{1-\frac{2}{2^*}}-1\right] \\
&\quad +C/\delta^2\int_{B_{2\delta}(0)-B_\delta(0)} |U_\varepsilon|^2\,dx \\
&\leq +C/\delta^2\int_{B_{2\delta}(0)-B_\delta(0)} |U_\varepsilon|
\end{aligned}
$$

pois $\left(\int_{B_{2\delta}(0)} F(U_\varepsilon)\,dx\right)^{1-\frac{2}{2^*}} \leq 1$. Desta forma, concluímos que

$$
\begin{aligned}
\int_{B_\delta(0)} G_\varepsilon(x,U_\varepsilon)\,dx &\leq \int_{B_{2\delta}(0)} \eta^2 G_\varepsilon(x,U_\varepsilon)\,dx \leq C/\delta^2\int_{B_{2\delta}(0)-B_\delta(0)} |U_\varepsilon|^2\,dx \\
&\leq C_\delta\int_{B_{2\delta}(0)-B_\delta(0)} r^2|U_\varepsilon|^2\,dx.
\end{aligned}
$$

Agora, usando (iii) temos que em $B_\delta(0)$ e para $\varepsilon > \varepsilon_0$,

$$
G_\varepsilon(x,t) = \varphi^{2^*-2}\varepsilon\varepsilon_0\left(a(n)\max_M(S_{\tilde g}) - a(n)S_{\tilde g}\right)|t|^2 \leq \tilde\rho r^2|t|^2
$$

onde $\tilde\rho > 0$. Assim,

$$
\begin{aligned}
\tilde\rho\int_{B_\delta(x_0)} r^2|U_\varepsilon|^2\,dv_g &\leq \int_{B_\delta(0)} G_\varepsilon(x,U_\varepsilon)\,dx \leq C_\delta\int_{B_{2\delta}(0)-B_\delta(0)} r^2|U_\varepsilon|^2\,dx \\
&\leq C_\delta\int_{M-B_\delta(x_0)} r^2|U_\varepsilon|^2\,dv_g
\end{aligned}
$$

e portanto

$$
0 < \frac{\tilde\rho}{C_\delta} \leq \frac{\int_{M-B_\delta(x_0)} r^2|U_\varepsilon|^2\,dv_g}{\int_{B_\delta(x_0)} r^2|U_\varepsilon|^2\,dv_g} \underset{\varepsilon\to 1}{\longrightarrow} 0
$$

pelo passo 2. Absurdo. Logo $U_0 \equiv 0$ não pode ocorrer.

Passo 4 **: Conclusão.**

Não podendo ocorrer $U_0 \equiv 0$ então obrigatoriamente temos que U_0 é não nulo. Neste caso então temos que $U_0 = \left(u_0^1, ..., u_0^k\right)$ é aplicação extremal para G_1. De fato, como $U_\varepsilon \rightharpoonup U_0$ em $H_k^{1,2}(M)$ então $\forall i = 1, ..., k$,

$$
\int_M g\left(\nabla_g u_\varepsilon^i, \nabla_g u_\varepsilon^i\right)dv_g \to \int_M g\left(\nabla_g u_0^i, \nabla_g u_0^i\right)dv_g.
$$

Por outro lado, a menos de subsequência, existem funções α e $\beta \in L^1(M)$ tais que (veja [6]),

$$|U_\varepsilon|^2 \leq \alpha \text{ e } |U_\varepsilon|^{2^*} \leq \beta$$

e portanto, pelo teorema da convergência dominada de Lebesgue

$$\begin{array}{rcl} \lambda_\varepsilon \int_M F(U_\varepsilon)\, dv_g & \to & \left(M_F^{2/2^*}\mathcal{A}_0(n)\right)^{-1}\int_M F(U_0)\, dv_g \\ \int_M G_\varepsilon(x, U_\varepsilon)\, dv_g & \to & \int_M G_1(x, U_0)\, dv_g \end{array}$$

e consequentemente temos que U_0 satisfaz fracamente

$$\left\{\begin{array}{l} -\Delta_g u_0^i + \frac{1}{2}\frac{\partial G_1}{\partial t_i}(x, U_0) = \frac{\left(M_F^{2/2^*}\mathcal{A}_0(n)\right)^{-1}}{2^*}\frac{\partial F}{\partial t_i}(U_0) \text{ em } M \\ \int_M F(U_0)\, dv_g = 1. \end{array}\right. \qquad (S_1)$$

Continuando, sabemos que

$$G_1(x, t) = \left[a(n) S_g + \varphi^{2^*-2}\varepsilon_0 a(n)\left(\max_M(S_{\tilde{g}}) - S_{\tilde{g}}\right)\right]|t|^2$$

e portanto, na esfera $\mathbb{S}_2^{k-1}$, G_1 não depende do ponto t tomado, ou seja, $\forall t_0 \in \mathbb{S}_2^{k-1}$ tal que $F(t_0) = M_F$,

$$G_1(x, t_0) = \min_{\mathbb{S}_2^{k-1}} G_1(x, t), \ \forall x \in M.$$

Sendo assim, pela proposição 11 temos que

$$U_0 = t_0 u_0,$$

onde $u_0 \in H^{1,2}(M)$ é função extremal para $G_1(x, t_0)$. Por $(S1)$ e pelo princípio do máximo (veja [23]) temos que u_0 é suave e positiva. Defina então a métrica

$$\hat{g} = u_0^{2^*-2} g$$

e ponha $G_{\hat{g}}(x, t)$ como

$$G_{\hat{g}}(x, t) = a(n) S_{\hat{g}} |t|^2 + \left(\frac{1}{u_0}\right)^{2^*-2}\left[G_1(x, t) - a(n) S_g |t|^2\right].$$

Então $G_{\hat{g}}$ é crítica para $\hat{g}$ segundo F. De fato, sabemos que $\forall U \in H_k^{1,2}(M)$ vale

$$J_{g,G_1,F}(U) = J_{\hat{g},G_{\hat{g}},F}\left(U u_0^{-1}\right)$$

e como G_1 é fracamente crítica para g segundo F então $G_{\hat{g}}$ é fracamente crítica para $\hat{g}$ segundo F. Além disso,

$$\left(M_F^{2/2^*}\mathcal{A}_0(n)\right)^{-1} = J_{g,G_1,F}(t_0 u_0) = J_{\hat{g},G_{\hat{g}},F}(t_0),$$

ou seja, a aplicação constante $\tilde{U}_0 \equiv t_0$ é extremal para $G_{\hat{g}}$ (segundo $\hat{g}$). Assim, pelo corolário 1 segue que $G_{\hat{g}}$ é crítica para $\hat{g}$ segundo F.

Por outro lado, sabemos que devido à definição de $\hat{g}$, temos (veja [2]),

$$-\Delta_g u_0 + a(n) S_g u_0 = a(n) S_{\hat{g}} u_0^{2^*-1}. \qquad (4.30)$$

Além disso, de

$$-\Delta_g\left(t_0^i u_0\right)+\frac{1}{2}\frac{\partial G_1}{\partial t_i}\left(x,t_0u_0\right)=\frac{\left(M_F^{2/2^*}\mathcal{A}_0\left(n\right)\right)^{-1}}{2^*}\frac{\partial F}{\partial t_i}\left(t_0u_0\right)$$

temos que

$$-\Delta_g u_0+G_1\left(x,t_0\right)u_0=\left(M_F^{2/2^*}\mathcal{A}_0\left(n\right)\right)^{-1}F\left(t_0\right)u_0^{2^*-1} \tag{4.31}$$

Juntando as igualdades (4.30) e (4.31) obtemos

$$G_1\left(x,t_0\right)-a\left(n\right)S_g=\left(\mathcal{A}_0\left(n\right)^{-1}-a\left(n\right)S_{\hat{g}}\right)u_0^{2^*-2}$$

Substituindo em $G_{\hat{g}}$ temos

$$\begin{aligned}G_{\hat{g}}\left(x,t_0\right)&=a\left(n\right)S_{\hat{g}}+\left(\frac{1}{u_0}\right)^{2^*-2}\left(\mathcal{A}_0\left(n\right)^{-1}-a\left(n\right)S_{\hat{g}}\right)u_0^{2^*-2}\\&=C,\end{aligned}$$

ou em palavras, $G_{\hat{g}}\left(x,t_0\right)$ é constante. Como temos que $G_1\left(x_0,t_0\right)=a\left(n\right)S_g\left(x_0\right)$, então

$$G_{\hat{g}}\left(x,t_0\right)=G_{\hat{g}}\left(x_0,t_0\right)=a\left(n\right)S_{\hat{g}}\left(x_0\right)=a\left(n\right)\max_M\left(S_{\hat{g}}\right).$$

Agora, sendo $G_{\hat{g}}\left(.,t_0\right)$ crítica para $\hat{g}$ temos $\forall u\in H^{1,2}\left(M\right)$,

$$\int_M\left|\nabla_{\hat{g}}u\right|^2dv_{\hat{g}}+G_{\hat{g}}\int_M u^2dv_{\hat{g}}\geq\mathcal{A}_0\left(n\right)^{-1}\left(\int_M\left|u\right|^{2^*}dv_{\hat{g}}\right)^{2/2^*}$$

ou seja,

$$\mathcal{A}_0\left(n\right)\int_M\left|\nabla_{\hat{g}}u\right|^2dv_{\hat{g}}+G_{\hat{g}}\left(x,t_0\right)\mathcal{A}_0\left(n\right)\int_M u^2dv_{\hat{g}}\geq\left(\int_M\left|u\right|^{2^*}dv_{\hat{g}}\right)^{2/2^*}$$

logo,

$$G_{\hat{g}}\left(.,t_0\right)\mathcal{A}_0\left(n\right)\geq\mathcal{B}_0\left(\hat{g}\right).$$

Por outro lado,

$$\mathcal{B}_0\left(\hat{g}\right)\geq a\left(n\right)\max_M S_{\hat{g}}\mathcal{A}_0\left(n\right)=G_{\hat{g}}\left(.,t_0\right)\mathcal{A}_0\left(n\right)$$

logo,

$$a\left(n\right)\max_M S_{\hat{g}}\mathcal{A}_0\left(n\right)=G_{\hat{g}}\left(.,t_0\right)\mathcal{A}_0\left(n\right)=\mathcal{B}_0\left(\hat{g}\right).$$

Note que podemos concluir aqui que $G_{\hat{g}}\left(x,t_0\right)=\frac{\mathcal{B}_0(\hat{g})}{\mathcal{A}_0(n)}$. Finalmente, como $\min_{M\times\mathbb{S}_2^{k-1}}G=\max_M G\left(x,t_0\right)=1$ então pela proposição 1,

$$\mathcal{B}_0\left(\hat{g},F,G\right)=M_F^{2/2^*}\mathcal{B}_0\left(\hat{g}\right) \tag{4.32}$$

e portanto

$$\frac{\mathcal{B}_0\left(\hat{g},F,G\right)}{M_F^{2/2^*}}=\mathcal{A}_0\left(n\right)a\left(n\right)\max_M\left(S_{\hat{g}}\right)$$

ou seja,

$$\mathcal{B}_0\left(\hat{g},F,G\right)\min_M G\left(.,t_0\right)=M_F^{2/2^*}\mathcal{A}_0\left(n\right)a\left(n\right)\max_M\left(S_{\hat{g}}\right),$$

e assim, tomando $\tilde{x}\in M$ tal que $\max_M\left(S_{\hat{g}}\right)=S_{\hat{g}}\left(\tilde{x}\right)$ então

$$\mathcal{B}_0\left(\hat{g},F,G\right)G\left(\tilde{x},t_0\right)=M_F^{2/2^*}\mathcal{A}_0\left(n\right)a\left(n\right)S_{\hat{g}}\left(\tilde{x}\right)$$

para todo $t_0 \in \mathbb{S}_2^{k-1}$ tal que $F(t_0) = M_F$. Além disso, sabemos que $\tilde{U}_0 = t_0$ é aplicação extremal para $G_{\hat{g}}$, ou seja

$$\begin{aligned}
\left(M_F^{2/2^*}\mathcal{A}_0(n)\right)^{-1}\left(\int_M F(t_0)\,dv_{\hat{g}}\right)^{2/2^*} &= \int_M |\nabla_{\hat{g}} t_0|^2\,dv_{\hat{g}} + G_{\hat{g}}(x,t_0)\int_M dv_{\hat{g}} \\
&= \int_M |\nabla_{\hat{g}} t_0|^2\,dv_{\hat{g}} + \frac{\mathcal{B}_0(\hat{g})}{\mathcal{A}_0(n)}\int_M 1dv_{\hat{g}} \\
&= \int_M |\nabla_{\hat{g}} t_0|^2\,dv_{\hat{g}} + \frac{\mathcal{B}_0(\hat{g},F,G)}{M_F^{2/2^*}\mathcal{A}_0(n)}\int_M |t_0|^2\,dv_{\hat{g}}
\end{aligned}$$

e portanto,

$$M_F^{2/2^*}\mathcal{A}_0(n)\int_M \left|\nabla_{\hat{g}}\tilde{U}_0\right|^2 dv_{\hat{g}} + \mathcal{B}_0(\hat{g},F,G)\int_M G\left(\tilde{U}_0\right)dv_{\hat{g}} = \left(\int_M F\left(\tilde{U}_0\right)dv_{\hat{g}}\right)^{2/2^*}$$

finalizando a prova deste resultado.

Observação:

(1) Pelo passo 4 acima, temos que a métrica $\hat{g}$ obtida é tal que

$$\mathcal{B}_0(\hat{g},F,G) = M_F^{2/2^*},$$

pois temos que $\frac{1}{\mathcal{A}_0(n)} = G_{\hat{g}}(x,t_0) = \frac{\mathcal{B}_0(\hat{g})}{\mathcal{A}_0(n)}$, ou seja, $\mathcal{B}_0(\hat{g}) = 1$ e o afirmado seguindo de (4.32).

4.3 E Doravante?

A seguir apresentaremos de modo muito abreviado alguns pontos de pesquisa que permanecem intactos ou pouco alterados até o momento. Trata-se de pesquisa já em andamento mas sem conclusão satisfatória ainda.

É claro que o teorema 4, do ponto de vista do estudo do teorema da dualidade, ainda é insatisfatório. A busca ainda permanece no sentido de obtermos para funções G mais gerais a existência da tal métrica $\tilde{g}$ que realize as condições $(D1)$ e $(D2)$. Existem atualmente alguns avanços que fizemos para funções G dependendo apenas da variável t, mas ainda é um estudo em fase inicial e muito incompleto, cujos detalhes não serão expostos aqui.

Além disso, o caso onde (M,g) é conformalmente difeomorfa à esfera $(\mathbb{S}^n,h)$ está, ao contrário do caso escalar, completamente inexplorado neste contexto vetorial. O problema reside na necessidade de saber se a função

$$H(x,t) = a(n)\,S_g\,|t|^2$$

é crítica ou não para uma dada F segundo a métrica g. Acreditamos que a resposta é afirmativa e virá inspirada nos argumentos escalares que levaram à conclusão de que neste caso a única função crítica para g é

$$f(x) = a(n)\,S_g.$$

Ainda neste sentido de não conformidade à $(\mathbb{S}^n,h)$ temos que explorar inclusive o Problema da Função Crítica Prescrita. No entanto acreditamos também que uma vez descoberta a criticidade ou não da H dada acima teremos condições de também dar esta resposta.

Apêndices

1. Auxiliar ao Teorema 4.

Colocamos este apêndice a fim de tornarmos a prova do teorema 4 mais simples de ser lida. Nas próximas linhas explicitaremos as contas que nos levaram a obtermos as desigualdades em (4.28). Note, antes disso, que

$$\lim_{\varepsilon\to 1}\frac{\int_{B_\delta(0)-B_{\delta/2}(0)}|V_\varepsilon|^2\,dx}{\int_{B_\delta(0)}|V_\varepsilon|^2\,dx}=0$$

pela proposição 6.

Vejamos inicialmente $\sum B_\varepsilon^i$.

Como $x_\varepsilon\to\tilde{x}_0$ e $g_\varepsilon(x)=\left(\exp_{x_\varepsilon}^* g\right)(x)$ então

$$\limsup_{\varepsilon\to 1}\frac{1}{2}\left(\partial_m\left(g_\varepsilon^{lj}\Gamma(g_\varepsilon)_{lj}^m\right)+\partial_{lj}g_\varepsilon^{lj}\right)(0)=\frac{1}{6}S_g(\tilde{x}_0).$$

Estas contas são consideradas padrão e aparecem em muitos artigos, veja por exemplo [10]. Temos então que

$$\begin{aligned}\limsup_{\varepsilon\to 1}\frac{\sum B_\varepsilon^i}{\int_{B_\delta(0)}|V_\varepsilon|^2\,dx} &= \limsup_{\varepsilon\to 1}\frac{\int_{B_\delta(0)}|V_\varepsilon|^2\eta^2\left[\partial_m\left(g_\varepsilon^{lj}\Gamma(g_\varepsilon)_{lj}^m\right)+\partial_{lj}g_\varepsilon^{lj}\right]dx}{\int_{B_\delta(0)}|V_\varepsilon|^2\,dx}\\ &= \limsup_{\varepsilon\to 1}\frac{\int_{B_\delta(0)-B_{\delta/2}(0)}|V_\varepsilon|^2\left(\eta^2-1\right)f_\varepsilon(x)\,dx}{\int_{B_\delta(0)}|V_\varepsilon|^2\,dx}-\frac{\int_{B_{\delta/2}(0)}|V_\varepsilon|^2 f_\varepsilon(x)\,dx}{\int_{B_\delta(0)}|V_\varepsilon|^2\,dx}\end{aligned}$$

onde $f_\varepsilon=\left[\partial_m\left(g_\varepsilon^{lj}\Gamma(g_\varepsilon)_{lj}^m\right)+\partial_{lj}g_\varepsilon^{lj}\right]$. Semelhantemente ao feito acima para obtermos (4.27), obtemos

$$\limsup_{\varepsilon\to 1}\frac{\sum B_\varepsilon^i}{\int_{B_\delta(0)}|V_\varepsilon|^2\,dx}=\limsup_{\varepsilon\to 1}f_\varepsilon(0)+h(\delta)=\frac{1}{6}S_g(\tilde{x}_0)+h(\delta). \tag{4.33}$$

Vejamos agora A_ε.

Escreva $\eta^2F(V_\varepsilon)=\eta^2F(V_\varepsilon)^{2/2^*}F(V_\varepsilon)^{\frac{2^*-2}{2^*}}$. Usando Holder, temos

$$\begin{aligned}\int_{B_\delta(0)}\eta^2F(V_\varepsilon)\,dx &= \int_{B_\delta(0)}\eta^2F(V_\varepsilon)^{2/2^*}F(V_\varepsilon)^{\frac{2^*-2}{2^*}}\,dx\\ &\leq \left(\int_{B_\delta(0)}\eta^{2^*}F(V_\varepsilon)\,dx\right)^{2/2^*}\left(\int_{B_\delta(0)}F(V_\varepsilon)\,dx\right)^{\frac{2^*-2}{2^*}}\end{aligned}$$

ou seja,

$$A_\varepsilon\leq\left[\left(\int_{B_\delta(0)}F(V_\varepsilon)\,dx\right)^{1-\frac{2}{2^*}}-1\right]\left(\int_{B_\delta(0)}\eta^{2^*}F(V_\varepsilon)\,dx\right)^{2/2^*}.$$

Pela expansão de Cartan de g em torno de x_ε (veja [14]) temos

$$dx \leq \left(1 + \frac{1}{6} Ric_g (x_\varepsilon)_{ij} x_i x_j + c|x|^3\right) dv_{g_\varepsilon}$$

e portanto

$$A_\varepsilon \leq \left\{ \left[\int_{B_\delta(0)} F(V_\varepsilon) \left(1 + \frac{1}{6} Ric_g (x_\varepsilon)_{ij} x_i x_j + c|x|^3\right) dv_{g_\varepsilon} \right]^{1-\frac{2}{2^*}} - 1 \right\} \left(\int_{B_\delta(0)} \eta^{2^*} F(V_\varepsilon)\, dx \right)^{2/2^*}$$

o que resulta em (veja [10] ou [4]),

$$A_\varepsilon \leq \frac{1 + h(\delta)}{3n} Ric_g (x_\varepsilon)_{ij} \int_{B_\delta(0)} x_i x_j F(V_\varepsilon)\, dv_{g_\varepsilon} + h(\delta) \int_{B_\delta(0)} |x|^2 F(V_\varepsilon)\, dv_{g_\varepsilon}$$

onde $h(\delta) \to 0$ quando $\delta \to 0$. Note que usamos

$$\left(\int_{B_\delta(0)} \eta^{2^*} F(V_\varepsilon)\, dx \right)^{2/2^*} \leq 1$$

pois sendo $\int_M F(U_\varepsilon)\, dv_g = 1$ e considerando as notações que aparecem na prova da proposição 5, temos que $\tilde{g}_\varepsilon \underset{\varepsilon \to 1}{\to} \xi$, a métrica euclidiana, e portanto

$$\begin{aligned}
\left(\int_{B_\delta(0)} \eta^{2^*} F(V_\varepsilon)\, dx \right)^{2/2^*} &\leq \left(\int_{B_\delta(0)} F(V_\varepsilon)\, dx \right)^{2/2^*} = \left(\int_{B_{\delta\mu_\varepsilon^{-1}}(0)} F(\Phi_\varepsilon)\, dx \right)^{2/2^*} \\
&= (1 + k(\varepsilon)) \left(\int_{B_{\delta\mu_\varepsilon^{-1}}(0)} F(\Phi_\varepsilon)\, dv_{\tilde{g}_\varepsilon} \right)^{2/2^*} \\
&= (1 + k(\varepsilon)) \left(\int_{B_\delta(x_\varepsilon)} F(U_\varepsilon)\, dv_g \right)^{2/2^*} \leq 1.
\end{aligned}$$

Aqui $k(\varepsilon) \to 0$ quando $\varepsilon \to 1$. Além disso, pelas proposições 20 e 7 e por $\tilde{g}_\varepsilon \underset{\varepsilon \to 1}{\to} \xi$,

$$\begin{aligned}
\int_{B_\delta(0)} |x|^2 F(V_\varepsilon)\, dv_{g_\varepsilon} &\leq C \int_{B_\delta(0)} |x|^2 |V_\varepsilon|^{2^*} dv_{g_\varepsilon} \\
&= C \int_{B_\delta(0)} |x|^2 |V_\varepsilon|^{2^*-2} |V_\varepsilon|^2 dv_{g_\varepsilon} \\
&\leq C \int_{B_\delta(0)} |V_\varepsilon|^2 dv_{g_\varepsilon} = C \int_{B_{\delta\mu_\varepsilon^{-1}}(0)} |\Phi_\varepsilon|^2 dv_{\tilde{g}_\varepsilon}.
\end{aligned}$$

Desta forma, usando esta informação acima temos que

$$\limsup_{\varepsilon \to 1} \frac{A_\varepsilon}{\int_{B_\delta(0)} |V_\varepsilon|^2 dx} \leq \limsup_{\varepsilon \to 1} \frac{1 + h(\delta)}{3n} Ric_g (x_\varepsilon)_{ij} \frac{\int_{B_{\delta\mu_\varepsilon^{-1}}(0)} x_i x_j F(\Phi_\varepsilon)\, dv_{\tilde{g}_\varepsilon}}{\int_{B_{\delta\mu_\varepsilon^{-1}}(0)} |\Phi_\varepsilon|^2 dv_{\tilde{g}_\varepsilon}} + h(\delta). \tag{4.34}$$

Agora, para qualquer $R > 0$ fixado e ε próximo o bastante de 1, $B_R(0) \subset B_{\delta\mu_\varepsilon^{-1}}(0)$ e portanto

$$\int_{B_{\delta\mu_\varepsilon^{-1}}(0)} x_i x_j F(\Phi_\varepsilon)\, dv_{\tilde{g}_\varepsilon} = \int_{B_R(0)} x_i x_j F(\Phi_\varepsilon)\, dv_{\tilde{g}_\varepsilon} + \int_{B_{\delta\mu_\varepsilon^{-1}}(0) - B_R(0)} x_i x_j F(\Phi_\varepsilon)\, dv_{\tilde{g}_\varepsilon}.$$

Na última integral do lado direito e pela proposição 8,

$$\begin{aligned}
\int_{B_{\delta\mu_\varepsilon^{-1}}(0)-B_R(0)} x_i x_j F(\Phi_\varepsilon)\, dv_{\tilde{g}_\varepsilon} &\le \int_{B_\delta(x_\varepsilon)-B_{R\mu_\varepsilon}(x_\varepsilon)} x_i x_j F(U_\varepsilon)\, dv_g \\
&\le C\int_{B_\delta(x_\varepsilon)-B_{R\mu_\varepsilon}(x_\varepsilon)} |x|^2 F(U_\varepsilon)\, dv_g \\
&\le C\int_{B_\delta(x_\varepsilon)-B_{R\mu_\varepsilon}(x_\varepsilon)} |x|^2 |U_\varepsilon|^{2^*-2} |U_\varepsilon|^2\, dv_g \\
&\le k(R)\int_{B_\delta(x_\varepsilon)-B_{R\mu_\varepsilon}(x_\varepsilon)} |U_\varepsilon|^2\, dv_g \\
&= k(R)\int_{B_{\delta\mu_\varepsilon^{-1}}(0)-B_R(0)} |\Phi_\varepsilon|^2\, dv_g \\
&\le k(R)\int_{B_{\delta\mu_\varepsilon^{-1}}(0)} |\Phi_\varepsilon|^2\, dv_g,
\end{aligned}$$

e consequentemente

$$\int_{B_{\delta\mu_\varepsilon^{-1}}(0)} x_i x_j F(\Phi_\varepsilon)\, dv_{\tilde{g}_\varepsilon} \le \int_{B_R(0)} x_i x_j F(\Phi_\varepsilon)\, dv_{\tilde{g}_\varepsilon} + k(R)\int_{B_{\delta\mu_\varepsilon^{-1}}(0)} |\Phi_\varepsilon|^2\, dv_g.$$

Substituindo esta última desigualdade em (4.34) obtemos

$$\limsup_{\varepsilon\to 1}\frac{A_\varepsilon}{\int_{B_\delta(0)}|V_\varepsilon|^2 dx} \le \limsup_{\varepsilon\to 1}\frac{1+h(\delta)}{3n} Ric_g(x_\varepsilon)_{ij}\left[\frac{\int_{B_R(0)} x_i x_j F(\Phi_\varepsilon)\, dv_{\tilde{g}_\varepsilon}}{\int_{B_{\delta\mu_\varepsilon^{-1}}(0)}|\Phi_\varepsilon|^2 dv_{\tilde{g}_\varepsilon}} + k(R)\right] + h(\delta),$$

e pela homogeneidade de F,

$$\limsup_{\varepsilon\to 1}\frac{A_\varepsilon}{\int_{B_\delta(0)}|V_\varepsilon|^2 dx} \le M_F^{2/2^*}\limsup_{\varepsilon\to 1}\frac{1+h(\delta)}{3n} Ric_g(x_\varepsilon)_{ij}\frac{\int_{B_R(0)} x_i x_j |\Phi_\varepsilon|^{2^*} dv_{\tilde{g}_\varepsilon}}{\int_{B_{\delta\mu_\varepsilon^{-1}}(0)}|\Phi_\varepsilon|^2 dv_{\tilde{g}_\varepsilon}} + k(R) + h(\delta).$$

Fazendo $R \to +\infty$ e observando que neste caso $\varepsilon \to 1$ e $\Phi \to t_0\phi$ (veja proposição 5), temos

$$\limsup_{\varepsilon\to 1}\frac{A_\varepsilon}{\int_{B_\delta(0)}|V_\varepsilon|^2 dx} \le M_F^{2/2^*}\frac{1+h(\delta)}{3n} Ric_g(\tilde{x}_0)_{ij}\frac{\int_{\mathbb{R}^n} x_i x_j \phi^{2^*} dx}{\int_{\mathbb{R}^n}\phi^2 dx} + h(\delta).$$

Agora, pelos desenvolvimentos em [9] (ou em [8]) temos que

$$\begin{aligned}
\limsup_{\varepsilon\to 1}\frac{A_\varepsilon}{\int_{B_\delta(0)}|V_\varepsilon|^2 dx} &\le M_F^{2/2^*}\frac{1+h(\delta)}{3n} Ric_g(\tilde{x}_0)_{ij}\frac{\int_{\mathbb{R}^n} x_i x_j \phi^{2^*} dx}{\int_{\mathbb{R}^n}\phi^2 dx} + h(\delta) \qquad (4.35)\\
&= M_F^{2/2^*}\mathcal{A}_0(n)\frac{(n-4)}{12(n-1)} S_g(\tilde{x}_0) + h(\delta).
\end{aligned}$$

Estudemos agora $\sum C_\varepsilon^i$.

Ora, $-\sum C_\varepsilon^i \le \sum |C_\varepsilon^i| = \sum_{i=1}^k \left|\int_{B_\delta(0)} \eta^2\left(g_\varepsilon^{lj} - \delta^{lj}\right)\partial_l v_\varepsilon^i \partial_j v_\varepsilon^i dx\right|$. Usando novamente a expansão de Cartan de g em torno de x_ε obtemos (para detalhes veja [10]),

$$\begin{aligned}
\sum |C_\varepsilon^i| &\le C\sum_{i=1}^k \int_{B_\delta(0)} \eta^2 \left|Rm_g(x_\varepsilon)\left(\nabla v_\varepsilon^i, x, \nabla v_\varepsilon^i, x\right)\right| dv_{g_\varepsilon} \qquad (4.36)\\
&\quad + \sum_{i=1}^k h(\delta)\int_{B_\delta(0)} \eta^2 \left|\nabla_{g_\varepsilon} v_\varepsilon^i\right|^2 |x|^2 dv_{g_\varepsilon},
\end{aligned}$$

onde Rm_g denota a curvatura seccional segundo g e $h(\delta) \to 0$ quando $\delta \to 0$. Afirmamos agora que segunda somatória no lado direito satisfaz, para ε próximo de 1,

$$h(\delta) \sum_{i=1}^{k} \int_{B_\delta(0)} \eta^2 \left|\nabla_{g_\varepsilon} v_\varepsilon^i\right|^2 |x|^2 \, dv_{g_\varepsilon} \leq C h(\delta) \int_{B_\delta(0)} |V_\varepsilon|^2 \, dv_{g_\varepsilon}. \tag{4.37}$$

De fato, por integração por partes (note que $\eta = 0$ em $\partial B_\delta(0)$ e por esta razão não aparece o termo de fronteira),

$$\begin{aligned}
\sum_{i=1}^{k} \int_{B_\delta(0)} \left(-\Delta_{g_\varepsilon} v_\varepsilon^i\right) \left(v_\varepsilon^i \eta^2 |x|^2\right) dv_{g_\varepsilon} &= \sum_{i=1}^{k} \int_{B_\delta(0)} g_\varepsilon \left(\nabla_{g_\varepsilon} v_\varepsilon^i, \nabla_{g_\varepsilon} \left(v_\varepsilon^i \eta^2 |x|^2\right)\right) dv_{g_\varepsilon} \\
&= \sum_{i=1}^{k} \left[\int_{B_\delta(0)} \eta^2 |x|^2 \left|\nabla_{g_\varepsilon} v_\varepsilon^i\right|^2 dv_{g_\varepsilon} \right. \\
&\quad \left. + \int_{B_\delta(0)} v_\varepsilon^i g_\varepsilon \left(\nabla_{g_\varepsilon} v_\varepsilon^i, \nabla_{g_\varepsilon} \left(\eta^2 |x|^2\right)\right)\right] dv_{g_\varepsilon},
\end{aligned}$$

ou seja,

$$\begin{aligned}
\sum_{i=1}^{k} \int_{B_\delta(0)} \eta^2 |x|^2 \left|\nabla_{g_\varepsilon} v_\varepsilon^i\right|^2 dv_{g_\varepsilon} &= \sum_{i=1}^{k} \int_{B_\delta(0)} \left(-\Delta_{g_\varepsilon} v_\varepsilon^i\right) \left(v_\varepsilon^i \eta^2 |x|^2\right) dv_{g_\varepsilon} \\
&\quad - \sum_{i=1}^{k} \int_{B_\delta(0)} v_\varepsilon^i g_\varepsilon \left(\nabla_{g_\varepsilon} v_\varepsilon^i, \nabla_{g_\varepsilon} \left(\eta^2 |x|^2\right)\right) dv_{g_\varepsilon}.
\end{aligned}$$

Por outro lado, como $g_\varepsilon(x) = \left(\exp_{x_\varepsilon}^* g\right)(x)$ e $V_\varepsilon(x) = U_\varepsilon\left(\exp_{x_\varepsilon} x\right)$ então V_ε satisfaz o sistema

$$-\Delta_{g_\varepsilon} v_\varepsilon^i + \frac{1}{2} \frac{\partial}{\partial t_i} G_\varepsilon(x, V_\varepsilon) = \frac{\lambda_\varepsilon}{2^*} \frac{\partial}{\partial t_i} F(V_\varepsilon) \text{ em } B_\delta(0), \ i = 1, ..., k.$$

Substituindo na última igualdade obtida e para ε próximo o bastante de 1,

$$\begin{aligned}
\sum_{i=1}^{k} \int_{B_\delta(0)} \eta^2 |x|^2 \left|\nabla_{g_\varepsilon} v_\varepsilon^i\right|^2 dv_{g_\varepsilon} &= \sum_{i=1}^{k} \int_{B_\delta(0)} \left(\frac{\lambda_\varepsilon}{2^*} \frac{\partial}{\partial t_i} F(V_\varepsilon) v_\varepsilon^i - \frac{1}{2} \frac{\partial}{\partial t_i} G_\varepsilon(x, V_\varepsilon) v_\varepsilon^i\right) \eta^2 |x|^2 \, dv_{g_\varepsilon} \\
&\quad - \sum_{i=1}^{k} \int_{B_\delta(0)} v_\varepsilon^i g_\varepsilon \left(\nabla_{g_\varepsilon} v_\varepsilon^i, \nabla_{g_\varepsilon} \left(\eta^2 |x|^2\right)\right) dv_{g_\varepsilon} \\
&= \int_{B_\delta(0)} \lambda_\varepsilon F(V_\varepsilon) \eta^2 |x|^2 \, dv_{g_\varepsilon} - \int_{B_\delta(0)} G_\varepsilon(x, V_\varepsilon) \eta^2 |x|^2 \, dv_{g_\varepsilon} \\
&\quad - \sum_{i=1}^{k} \int_{B_\delta(0)} v_\varepsilon^i g_\varepsilon \left(\nabla_{g_\varepsilon} v_\varepsilon^i, \nabla_{g_\varepsilon} \left(\eta^2 |x|^2\right)\right) dv_{g_\varepsilon} \\
&\leq \int_{B_\delta(0)} \lambda_\varepsilon F(V_\varepsilon) \eta^2 |x|^2 \, dv_{g_\varepsilon} \\
&\quad - \sum_{i=1}^{k} \int_{B_\delta(0)} v_\varepsilon^i g_\varepsilon \left(\nabla_{g_\varepsilon} v_\varepsilon^i, \nabla_{g_\varepsilon} \left(\eta^2 |x|^2\right)\right) dv_{g_\varepsilon}
\end{aligned}$$

onde usamos a positividade de G_ε e homogeneidade de F e G_ε. Olhando para a primeira integral no lado direito da desigualdade acima, segue por homogeneidade de F, pelo fato de $\lambda_\varepsilon \leq \left(M_F^{2/2^*} \mathcal{A}_0(n)\right)^{-1}$, pela proposição 7 e por $g_\varepsilon \underset{\varepsilon\to 1}{\longrightarrow} \xi$, que

$$\int_{B_\delta(0)} \lambda_\varepsilon F(V_\varepsilon)\eta^2 |x|^2 dv_{g_\varepsilon} \le C\int_{B_\delta(0)} |x|^2 |V_\varepsilon|^{2^*} dv_{g_\varepsilon} \le C\int_{B_\delta(0)} |V_\varepsilon|^2 dv_{g_\varepsilon}.$$

Estimemos então a segunda integral do lado direito. Chamando-a de A, temos por desigualdade de interpolação que $\forall\theta > 0$,

$$\begin{aligned}
-A &\le \sum_{i=1}^k \int_{B_\delta(0)} |v_\varepsilon^i| \left|\nabla_{g_\varepsilon} v_\varepsilon^i\right| \left|\nabla_{g_\varepsilon}\left(\eta^2 |x|^2\right)\right| dv_{g_\varepsilon} \\
&= \sum_{i=1}^k 2\int_{B_\delta(0)} \eta |x| |v_\varepsilon^i| \left|\nabla_{g_\varepsilon} v_\varepsilon^i\right| |\nabla_{g_\varepsilon}(\eta|x|)| dv_{g_\varepsilon} \\
&\le C\sum_{i=1}^k \left[\int_{B_\delta(0)} \eta^2 |x| |v_\varepsilon^i| \left|\nabla_{g_\varepsilon} v_\varepsilon^i\right| dv_{g_\varepsilon} + \frac{C}{\delta}\int_{B_\delta(0)} \eta |x|^2 |v_\varepsilon^i| \left|\nabla_{g_\varepsilon} v_\varepsilon^i\right| dv_{g_\varepsilon}\right] \\
&\le C\sum_{i=1}^k \left[\int_{B_\delta(0)} \theta\eta^2 \left(v_\varepsilon^i\right)^2 + \theta^{-1}\eta^2 |x|^2 \left|\nabla_{g_\varepsilon} v_\varepsilon^i\right|^2 dv_{g_\varepsilon}\right. \\
&\quad \left. + \frac{C}{\delta}\int_{B_\delta(0)} \theta |x|^2 \left(v_\varepsilon^i\right)^2 + \theta^{-1}\eta^2 |x|^2 \left|\nabla_{g_\varepsilon} v_\varepsilon^i\right|^2 dv_{g_\varepsilon}\right] \\
&\le \frac{C\theta}{\delta}\int_{B_\delta(0)} |V_\varepsilon|^2 dv_{g_\varepsilon} + \frac{C}{\delta\theta}\sum_{i=1}^k \int_{B_\delta(0)} \eta^2 |x|^2 \left|\nabla_{g_\varepsilon} v_\varepsilon^i\right|^2 dv_{g_\varepsilon}.
\end{aligned}$$

Tomando θ pequeno o bastante de modo que $\frac{C}{\delta\theta} \le 1$ e voltando estas estimativas na desigualdade estudada obtemos

$$\begin{aligned}
\sum_{i=1}^k \int_{B_\delta(0)} \eta^2 |x|^2 \left|\nabla_{g_\varepsilon} v_\varepsilon^i\right|^2 dv_{g_\varepsilon} &\le C\int_{B_\delta(0)} |V_\varepsilon|^2 dv_{g_\varepsilon} + \frac{C\theta}{\delta}\int_{B_\delta(0)} |V_\varepsilon|^2 dv_{g_\varepsilon} \\
&\quad + \frac{C}{\delta\theta}\sum_{i=1}^k \int_{B_\delta(0)} \eta^2 |x|^2 \left|\nabla_{g_\varepsilon} v_\varepsilon^i\right|^2 dv_{g_\varepsilon},
\end{aligned}$$

ou seja

$$\sum_{i=1}^k \int_{B_\delta(0)} \eta^2 |x|^2 \left|\nabla_{g_\varepsilon} v_\varepsilon^i\right|^2 dv_{g_\varepsilon} \le C\int_{B_\delta(0)} |V_\varepsilon|^2 dv_{g_\varepsilon}$$

provando a fórmula (4.37).

Usando novamente as notações da prova da proposição 5 é imediato verificar que

$$\sum_{i=1}^k \int_{B_\delta(0)} \eta^2 \left|Rm_g(x_\varepsilon)\left(\nabla v_\varepsilon^i, x, \nabla v_\varepsilon^i, x\right)\right| dv_{g_\varepsilon} \le \sum_{i=1}^k \int_{B_{\delta\mu_\varepsilon^{-1}}(0)} \eta(\mu_\varepsilon x)^2 \left|Rm_g(x_\varepsilon)\left(\nabla_{\tilde g_\varepsilon}\phi_\varepsilon^i, x, \nabla_{\tilde g_\varepsilon}\phi_\varepsilon^i, x\right)\right| dv_{\tilde g_\varepsilon}.$$

Além disso, para $R > 0$, vale

$$\lim_{\varepsilon\to 1} \int_{B_R(0)} \sum_{i=1}^k \eta(\mu_\varepsilon x)^2 \left|Rm_g(x_\varepsilon)\left(\nabla_{\tilde g_\varepsilon}\phi_\varepsilon^i, x, \nabla_{\tilde g_\varepsilon}\phi_\varepsilon^i, x\right)\right| dv_{\tilde g_\varepsilon} = 0. \tag{4.38}$$

De fato, pela citada proposição temos que, quando $\varepsilon \to 1$, $\tilde g_\varepsilon \to \xi$ e que $\Phi_\varepsilon \to t_0\phi$ em $\mathcal{D}_k^{1,2}(\mathbb{R}^n)$. Logo

$$\nabla\phi_\varepsilon^i \to t_0^i \nabla\phi, \; qs(\mathbb{R}^n).$$

É claro que $\eta(\mu_\varepsilon x)^2 \to \eta(0)^2 = 1$. Estes itens mais o fato de que $\nabla\phi(x)$ e x são colineares implicam imediatamente no limite acima. Voltando então à fórmula (4.36) e usando as fórmulas (4.37) e (4.38) obtemos

$$\limsup_{\varepsilon\to 1} \frac{\sum |C_\varepsilon^i|}{\int_{B_\delta(0)} |V_\varepsilon|^2 dx} \leq C \limsup_{\varepsilon\to 1} \frac{\sum_{i=1}^k \int_{B_{\delta\mu_\varepsilon^{-1}}(0)-B_R(0)} \eta(\mu_\varepsilon x)^2 \left| Rm_g(x_\varepsilon)\left(\nabla_{\tilde g_\varepsilon}\phi_\varepsilon^i, x, \nabla_{\tilde g_\varepsilon}\phi_\varepsilon^i, x\right)\right| dv_{\tilde g_\varepsilon}}{\int_{B_{\delta\mu_\varepsilon^{-1}}(0)} |\Phi_\varepsilon|^2 dx} + h(\delta). \tag{4.39}$$

Finalmente, partamos para a última análise que necessita ser feita. Por simplicidade, escreva

$$I_\varepsilon^i = \int_{B_{\delta\mu_\varepsilon^{-1}}(0)-B_R(0)} \eta(\mu_\varepsilon x)^2 \left| Rm_g(x_\varepsilon)\left(\nabla_{\tilde g_\varepsilon}\phi_\varepsilon^i, x, \nabla_{\tilde g_\varepsilon}\phi_\varepsilon^i, x\right)\right| dv_{\tilde g_\varepsilon}$$

Afirmamos que para $R > 0$ fixado e ε próximo de 1, temos

$$\begin{aligned} \sum_{i=1}^k I_\varepsilon^i &\leq C \sum_{i=1}^k \int_{\partial B_R(0)} \left| \nabla_\xi \left(|x|\,\phi_\varepsilon^i\right)^2 \right| d\sigma_\xi \\ &+ C \int_{B_{\delta\mu_\varepsilon^{-1}}(0)-B_R(0)} |\Phi_\varepsilon|^2 dv_{\tilde g_\varepsilon} \\ &+ k(R) \int_{B_{\delta\mu_\varepsilon^{-1}}(0)} |\Phi_\varepsilon|^2 dv_{\tilde g_\varepsilon} \\ &+ h(\delta) \int_{B_{\delta\mu_\varepsilon^{-1}}(0)} |\Phi_\varepsilon|^2 dv_{\tilde g_\varepsilon}, \end{aligned} \tag{4.40}$$

onde $d\sigma_\xi$ é elemento de volume em $\mathbb{R}^{n-1}$ segundo a métrica euclidiana, $C > 0$ não depende de ε, $h(\delta) \underset{\delta\to 0}{\to} 0$ e $k(R) \underset{R\to+\infty}{\to} 0$. Provemo-a. De fato, note que para toda função $\beta \in C^1(\mathbb{R}^n)$ e em $x \in B_{\delta\mu_\varepsilon^{-1}}(0)$ (veja [10]),

$$Rm_g(x_\varepsilon)\left(\nabla_{\tilde g_\varepsilon}\beta, x, \nabla_{\tilde g_\varepsilon}\beta, x\right) \leq C\left[\left|\nabla_{\tilde g_\varepsilon}(|x|\,\beta)\right|^2 - \tilde g_\varepsilon\left(\nabla_{\tilde g_\varepsilon}|x|\,\beta, \frac{x}{|x|}\right)^2 \right]$$

e portanto,

$$\begin{aligned} \sum_{i=1}^k I_\varepsilon^i &\leq C \sum_{i=1}^k \int_{B_{\delta\mu_\varepsilon^{-1}}(0)-B_R(0)} \eta(\mu_\varepsilon x)^2 \left|\nabla_{\tilde g_\varepsilon}\left(|x|\,\phi_\varepsilon^i\right)\right|^2 dv_{\tilde g_\varepsilon} \\ &- C \sum_{i=1}^k \int_{B_{\delta\mu_\varepsilon^{-1}}(0)-B_R(0)} \eta(\mu_\varepsilon x)^2\, \tilde g_\varepsilon\left(\nabla_{\tilde g_\varepsilon}\left(|x|\,\phi_\varepsilon^i\right), \frac{x}{|x|}\right)^2 dv_{\tilde g_\varepsilon}. \end{aligned} \tag{4.41}$$

Por outro lado, note que

$$\begin{aligned} &\sum_{i=1}^k \int_{B_{\delta\mu_\varepsilon^{-1}}(0)-B_R(0)} \tilde g_\varepsilon\left(\nabla_{\tilde g_\varepsilon}\left(|x|\,\phi_\varepsilon^i\right), \nabla_{\tilde g_\varepsilon}\left(|x|\,\phi_\varepsilon^i \eta(\mu_\varepsilon x)^2\right)\right) dv_{\tilde g_\varepsilon} = \\ &= \sum_{i=1}^k \int_{B_{\delta\mu_\varepsilon^{-1}}(0)-B_R(0)} \eta(\mu_\varepsilon x)^2 \left|\nabla_{\tilde g_\varepsilon}\left(|x|\,\phi_\varepsilon^i\right)\right|^2 dv_{\tilde g_\varepsilon} \\ &+ \sum_{i=1}^k \int_{B_{\delta\mu_\varepsilon^{-1}}(0)-B_R(0)} |x|\,\phi_\varepsilon^i \tilde g_\varepsilon\left(\nabla_{\tilde g_\varepsilon}\left(\eta(\mu_\varepsilon x)^2\right), \nabla_{\tilde g_\varepsilon}\left(|x|\,\phi_\varepsilon^i\right)\right) dv_{\tilde g_\varepsilon}. \end{aligned} \tag{4.42}$$

E por integração por partes

$$\sum_{i=1}^{k}\int_{B_{\delta\mu_\varepsilon^{-1}}(0)-B_R(0)}\left(-\Delta_{\tilde g_\varepsilon}\left(|x|\,\phi_\varepsilon^i\right)\right)|x|\,\phi_\varepsilon^i\eta\left(\mu_\varepsilon^i x\right)dv_{\tilde g_\varepsilon}= \tag{4.43}$$

$$=\sum_{i=1}^{k}\int_{B_{\delta\mu_\varepsilon^{-1}}(0)-B_R(0)}\tilde g_\varepsilon\left(\nabla_{\tilde g_\varepsilon}\left(|x|\,\phi_\varepsilon^i\right),\nabla_{\tilde g_\varepsilon}\left(|x|\,\phi_\varepsilon^i\eta\left(\mu_\varepsilon^i x\right)^2\right)\right)dv_{\tilde g_\varepsilon}$$

$$-\sum_{i=1}^{k}\int_{\partial B_R(0)}\frac{\partial}{\partial\nu}\left(|x|\,\phi_\varepsilon^i\right)|x|\,\phi_\varepsilon^i\eta\left(\mu_\varepsilon^i x\right)^2 d\sigma_{\tilde g_\varepsilon}, \tag{4.44}$$

onde ν é vetor normal à bola $B_R(0)$ e $d\sigma_{\tilde g_\varepsilon}$ é elemento de volume em $\mathbb{R}^{n-1}$ segundo a métrica $\tilde g_\varepsilon$. Substituindo (4.43) em (4.42), obtemos

$$\sum_{i=1}^{k}\int_{B_{\delta\mu_\varepsilon^{-1}}(0)-B_R(0)}\eta\left(\mu_\varepsilon x\right)^2\left|\nabla_{\tilde g_\varepsilon}\left(|x|\,\phi_\varepsilon^i\right)\right|^2 dv_{\tilde g_\varepsilon}\le \tag{4.45}$$

$$\le\sum_{i=1}^{k}\int_{B_{\delta\mu_\varepsilon^{-1}}(0)-B_R(0)}\left(-\Delta_{\tilde g_\varepsilon}\left(|x|\,\phi_\varepsilon^i\right)\right)|x|\,\phi_\varepsilon^i\eta\left(\mu_\varepsilon^i x\right)dv_{\tilde g_\varepsilon}$$

$$-\sum_{i=1}^{k}\int_{\partial B_R(0)}\frac{\partial}{\partial\nu}\left(|x|\,\phi_\varepsilon^i\right)|x|\,\phi_\varepsilon^i\eta\left(\mu_\varepsilon^i x\right)^2 d\sigma_{\tilde g_\varepsilon}$$

$$-\sum_{i=1}^{k}\int_{B_{\delta\mu_\varepsilon^{-1}}(0)-B_R(0)}|x|\,\phi_\varepsilon^i\tilde g_\varepsilon\left(\nabla_{\tilde g_\varepsilon}\left(\eta\left(\mu_\varepsilon x\right)^2\right),\nabla_{\tilde g_\varepsilon}\left(|x|\,\phi_\varepsilon^i\right)\right)dv_{\tilde g_\varepsilon}.$$

Agora, como $\eta\le 1$ e $\tilde g_\varepsilon\to\xi$ em $C^2(K)$ (novamente proposição 5),

$$-\sum_{i=1}^{k}\int_{\partial B_R(0)}\frac{\partial}{\partial\nu}\left(|x|\,\phi_\varepsilon^i\right)|x|\,\phi_\varepsilon^i\eta\left(\mu_\varepsilon^i x\right)^2 d\sigma_{\tilde g_\varepsilon} \tag{4.46}$$

$$=-\sum_{i=1}^{k}\int_{\partial B_R(0)}\eta\left(\mu_\varepsilon^i x\right)^2|x|\,\phi_\varepsilon^i\tilde g_\varepsilon\left(\nabla_{\tilde g_\varepsilon}\left(|x|\,\phi_\varepsilon^i\right),\nu\right)d\sigma_{\tilde g_\varepsilon}$$

$$=-\frac{1}{2}\sum_{i=1}^{k}\int_{\partial B_R(0)}\eta\left(\mu_\varepsilon^i x\right)^2\tilde g_\varepsilon\left(\nabla_{\tilde g_\varepsilon}\left(|x|\,\phi_\varepsilon^i\right)^2,\nu\right)d\sigma_{\tilde g_\varepsilon}$$

$$\le C\sum_{i=1}^{k}\int_{\partial B_R(0)}\left|\nabla_{\tilde g_\varepsilon}\left(|x|\,\phi_\varepsilon^i\right)^2\right|d\sigma_{\tilde g_\varepsilon}$$

$$\le C\sum_{i=1}^{k}\int_{\partial B_R(0)}\left|\nabla_{\xi}\left(|x|\,\phi_\varepsilon^i\right)^2\right|d\sigma_{\xi}.$$

Prosseguindo, temos para ε próximo de 1 que $B_R(0)\subset B_{\frac{\delta}{2}\mu_\varepsilon^{-1}}(0)$ e que $\nabla\eta\equiv 0$ nesta bola. Assim pela desigualdade de Young com $\theta > 0$,

$$\sum_{i=1}^{k} - \int_{B_{\delta\mu_\varepsilon^{-1}}(0)-B_R(0)} |x|\, \phi_\varepsilon^i \tilde{g}_\varepsilon \left(\nabla_{\tilde{g}_\varepsilon}\left(\eta\left(\mu_\varepsilon x\right)^2\right), \nabla_{\tilde{g}_\varepsilon}\left(|x|\, \phi_\varepsilon^i\right)\right) dv_{\tilde{g}_\varepsilon} \leq \tag{4.47}$$

$$\leq \sum_{i=1}^{k} \int_{B_{\delta\mu_\varepsilon^{-1}}(0)-B_R(0)} 2\eta\left(\mu_\varepsilon x\right)|x|\left|\phi_\varepsilon^i\right| \left|\nabla_{\tilde{g}_\varepsilon}\eta\left(\mu_\varepsilon x\right)\right| \left|\nabla_{\tilde{g}_\varepsilon}\left(|x|\,\phi_\varepsilon^i\right)\right| dv_{\tilde{g}_\varepsilon}$$

$$\leq \frac{C}{\delta}\sum_{i=1}^{k} \int_{B_{\delta\mu_\varepsilon^{-1}}(0)-B_{\frac{\delta}{2}\mu_\varepsilon^{-1}}(0)} |x|\left|\phi_\varepsilon^i\right| \eta\left(\mu_\varepsilon x\right) \left|\nabla_{\tilde{g}_\varepsilon}\left(|x|\,\phi_\varepsilon^i\right)\right| dv_{\tilde{g}_\varepsilon}$$

$$\leq \frac{C\theta}{\delta}\sum_{i=1}^{k} \int_{B_{\delta\mu_\varepsilon^{-1}}(0)-B_{\frac{\delta}{2}\mu_\varepsilon^{-1}}(0)} |x|^2 \phi_\varepsilon^i dv_{\tilde{g}_\varepsilon} + \frac{C}{\delta\theta}\sum_{i=1}^{k} \int_{B_{\delta\mu_\varepsilon^{-1}}(0)-B_{\frac{\delta}{2}\mu_\varepsilon^{-1}}(0)} \eta\left(\mu_\varepsilon x\right)^2 \left|\nabla_{\tilde{g}_\varepsilon}\left(|x|\,\phi_\varepsilon^i\right)\right|^2 dv_{\tilde{g}_\varepsilon}$$

$$\leq C \int_{B_{\delta\mu_\varepsilon^{-1}}(0)-B_{\frac{\delta}{2}\mu_\varepsilon^{-1}}(0)} \left|\Phi_\varepsilon\right|^2 dv_{\tilde{g}_\varepsilon} + \frac{C}{\delta\theta}\sum_{i=1}^{k} \int_{B_{\delta\mu_\varepsilon^{-1}}(0)-B_R(0)} \eta\left(\mu_\varepsilon x\right)^2 \left|\nabla_{\tilde{g}_\varepsilon}\left(|x|\,\phi_\varepsilon^i\right)\right|^2 dv_{\tilde{g}_\varepsilon}.$$

Levando então (4.46) e (4.47) em (4.45), obtemos para $\frac{C}{\delta\theta} \leq 1$ (θ grande o bastante),

$$\sum_{i=1}^{k} \int_{B_{\delta\mu_\varepsilon^{-1}}(0)-B_R(0)} \eta\left(\mu_\varepsilon x\right)^2 \left|\nabla_{\tilde{g}_\varepsilon}\left(|x|\,\phi_\varepsilon^i\right)\right|^2 dv_{\tilde{g}_\varepsilon} \leq \tag{4.48}$$

$$\sum_{i=1}^{k} \int_{B_{\delta\mu_\varepsilon^{-1}}(0)-B_R(0)} \eta\left(\mu_\varepsilon x\right)^2 \left(-\Delta_{\tilde{g}_\varepsilon}|x|\,\phi_\varepsilon^i\right)|x|\,\phi_\varepsilon^i dv_{\tilde{g}_\varepsilon}$$

$$+C\sum_{i=1}^{k} \int_{\partial B_R(0)} \left|\nabla_\xi\left(|x|\,\phi_\varepsilon^i\right)^2\right| d\sigma_\xi + C \int_{B_{\delta\mu_\varepsilon^{-1}}(0)-B_{\frac{\delta}{2}\mu_\varepsilon^{-1}}(0)} \left|\Phi_\varepsilon\right|^2 dv_{\tilde{g}_\varepsilon}.$$

Considerando agora que $-\Delta_{\tilde{g}_\varepsilon}(\alpha\beta) = \alpha\left(-\Delta_{\tilde{g}_\varepsilon}\beta\right) + \beta\left(-\Delta_{\tilde{g}_\varepsilon}\alpha\right) + \tilde{g}_\varepsilon\left(\nabla_{\tilde{g}_\varepsilon}\alpha, \nabla_{\tilde{g}_\varepsilon}\beta\right)$ então

$$\sum_{i=1}^{k} \int_{B_{\delta\mu_\varepsilon^{-1}}(0)-B_R(0)} \eta\left(\mu_\varepsilon x\right)^2 \left(-\Delta_{\tilde{g}_\varepsilon}|x|\,\phi_\varepsilon^i\right)|x|\,\phi_\varepsilon^i dv_{\tilde{g}_\varepsilon} =$$

$$= \sum_{i=1}^{k} \int_{B_{\delta\mu_\varepsilon^{-1}}(0)-B_R(0)} \eta\left(\mu_\varepsilon x\right)^2 |x|^2 \phi_\varepsilon^i \left(-\Delta_{\tilde{g}_\varepsilon}\phi_\varepsilon^i\right) dv_{\tilde{g}_\varepsilon}$$

$$+\sum_{i=1}^{k} \int_{B_{\delta\mu_\varepsilon^{-1}}(0)-B_R(0)} \eta\left(\mu_\varepsilon x\right)^2 |x| \left(\phi_\varepsilon^i\right)^2 \left(-\Delta_{\tilde{g}_\varepsilon}|x|\right) dv_{\tilde{g}_\varepsilon}$$

$$-\sum_{i=1}^{k} \int_{B_{\delta\mu_\varepsilon^{-1}}(0)-B_R(0)} \eta\left(\mu_\varepsilon x\right)^2 |x|\,\phi_\varepsilon^i \tilde{g}_\varepsilon\left(\nabla_{\tilde{g}_\varepsilon}\phi_\varepsilon^i, \nabla_{\tilde{g}_\varepsilon}|x|\right) dv_{\tilde{g}_\varepsilon}.$$

Substituindo em (4.48) e após isto levando em (4.41) obtemos

$$\sum_{i=1}^{k} \int_{B_{\delta\mu_\varepsilon^{-1}}(0)-B_R(0)} \eta^2 (\mu_\varepsilon x)^2 \left|Rm_g(x_\varepsilon)\left(\nabla_{\tilde{g}_\varepsilon}\phi_\varepsilon^i, x, \nabla_{\tilde{g}_\varepsilon}\phi_\varepsilon^i, x\right)\right| dv_{\tilde{g}_\varepsilon} \leq \tag{4.49}$$

$$\begin{aligned}
&\leq C\sum_{i=1}^{k} \int_{\partial B_R(0)} \left|\nabla_\xi \left(|x|\phi_\varepsilon^i\right)^2\right| d\sigma_\xi + C\int_{B_{\delta\mu_\varepsilon^{-1}}(0)-B_{\frac{\delta}{2}\mu_\varepsilon^{-1}}(0)} |\Phi_\varepsilon|^2 dv_{\tilde{g}_\varepsilon} \\
&+\sum_{i=1}^{k} \int_{B_{\delta\mu_\varepsilon^{-1}}(0)-B_R(0)} \eta(\mu_\varepsilon x)^2 |x|^2 \phi_\varepsilon^i \left(-\Delta_{\tilde{g}_\varepsilon}\phi_\varepsilon^i\right) dv_{\tilde{g}_\varepsilon} \\
&+\sum_{i=1}^{k} \int_{B_{\delta\mu_\varepsilon^{-1}}(0)-B_R(0)} \eta(\mu_\varepsilon x)^2 |x| \left(\phi_\varepsilon^i\right)^2 \left(-\Delta_{\tilde{g}_\varepsilon}|x|\right) dv_{\tilde{g}_\varepsilon} \\
&-\sum_{i=1}^{k} \int_{B_{\delta\mu_\varepsilon^{-1}}(0)-B_R(0)} \eta(\mu_\varepsilon x)^2 |x| \phi_\varepsilon^i \tilde{g}_\varepsilon \left(\nabla_{\tilde{g}_\varepsilon}\phi_\varepsilon^i, \nabla_{\tilde{g}_\varepsilon}|x|\right) dv_{\tilde{g}_\varepsilon} \\
&-\sum_{i=1}^{k} \int_{B_{\delta\mu_\varepsilon^{-1}}(0)-B_R(0)} \eta(\mu_\varepsilon x)^2 \tilde{g}_\varepsilon \left(\nabla_{\tilde{g}_\varepsilon}\left(|x|\phi_\varepsilon^i\right), \frac{x}{|x|}\right)^2 dv_{\tilde{g}_\varepsilon}.
\end{aligned}$$

Agora, pelo teorema 1.53 de [3] temos que $|x|\left(-\Delta_{\tilde{g}_\varepsilon}|x|\right) \leq |x|\left(-\Delta_\xi |x|\right) + c\mu_\varepsilon^2 |x|^2$. Mas $-\Delta_\xi |x| = -\frac{1}{|x|}(n-1)$,de modo que

$$|x|\left(-\Delta_{\tilde{g}_\varepsilon}|x|\right) \leq -(n-1) + c\mu_\varepsilon^2 |x|^2.$$

Substituindo isto na integral apropriada de (4.49), chega-se a

$$\sum_{i=1}^{k} \int_{B_{\delta\mu_\varepsilon^{-1}}(0)-B_R(0)} \eta(\mu_\varepsilon x)^2 |x| \left(\phi_\varepsilon^i\right)^2 \left(-\Delta_{\tilde{g}_\varepsilon}|x|\right) dv_{\tilde{g}_\varepsilon} \leq \tag{4.50}$$

$$\begin{aligned}
&\leq \sum_{i=1}^{k} \int_{B_{\delta\mu_\varepsilon^{-1}}(0)-B_R(0)} \eta(\mu_\varepsilon x)^2 \left(\phi_\varepsilon^i\right)^2 \left(-(n-1) + c\mu_\varepsilon^2 |x|^2\right) dv_{\tilde{g}_\varepsilon} \\
&\leq -(n-1) \int_{B_{\delta\mu_\varepsilon^{-1}}(0)-B_R(0)} \eta(\mu_\varepsilon x)^2 |\Phi_\varepsilon|^2 dv_{\tilde{g}_\varepsilon} \\
&\quad +C \int_{B_{\delta\mu_\varepsilon^{-1}}(0)-B_R(0)} \eta(\mu_\varepsilon x)^2 |x|^2 |\Phi_\varepsilon|^2 dv_{\tilde{g}_\varepsilon}.
\end{aligned}$$

Por outro lado, temos que Φ_ε satisfaz o sistema (veja [4]),

$$-\Delta_{\tilde{g}_\varepsilon}\phi_\varepsilon^i + \frac{\mu_\varepsilon}{2}\frac{\partial}{\partial t_i} G_\varepsilon(x, \Phi_\varepsilon) = \frac{\lambda_\varepsilon}{2^*}\frac{\partial}{\partial t_i} F(\Phi_\varepsilon) \text{ em } B_{\delta\mu_\varepsilon^{-1}}(0),$$

assim, pela proposição 8,

$$\begin{aligned}
&\sum_{i=1}^{k} \int\limits_{B_{\delta\mu_\varepsilon^{-1}}(0)-B_R(0)} \eta(\mu_\varepsilon x)^2 |x|^2 \phi_\varepsilon^i \left(-\Delta_{\tilde{g}_\varepsilon}\phi_\varepsilon^i\right) dv_{\tilde{g}_\varepsilon} = \\
&= \sum_{i=1}^{k} \int\limits_{B_{\delta\mu_\varepsilon^{-1}}(0)-B_R(0)} \eta(\mu_\varepsilon x)^2 |x|^2 \phi_\varepsilon^i \left[\frac{\lambda_\varepsilon}{2^*}\frac{\partial}{\partial t_i}F(\Phi_\varepsilon) - \frac{\mu_\varepsilon}{2}\frac{\partial}{\partial t_i}G_\varepsilon(x,\Phi_\varepsilon)\right] dv_{\tilde{g}_\varepsilon} \\
&= \sum_{i=1}^{k} \int\limits_{B_{\delta\mu_\varepsilon^{-1}}(0)-B_R(0)} \eta(\mu_\varepsilon x)^2 |x|^2 \left[\lambda_\varepsilon F(\Phi_\varepsilon) - \mu_\varepsilon G_\varepsilon(x,\Phi_\varepsilon)\right] dv_{\tilde{g}_\varepsilon} \\
&\leq C \int\limits_{B_{\delta\mu_\varepsilon^{-1}}(0)-B_R(0)} |x|^2 |\Phi_\varepsilon|^{2^*} dv_{\tilde{g}_\varepsilon} \\
&= C \int\limits_{B_{\delta\mu_\varepsilon^{-1}}(0)-B_R(0)} |x|^2 |\Phi_\varepsilon|^{2^*-2} |\Phi_\varepsilon|^2 dv_{\tilde{g}_\varepsilon} \\
&\leq k(R) \int\limits_{B_{\delta\mu_\varepsilon^{-1}}(0)-B_R(0)} |\Phi_\varepsilon|^2 dv_{\tilde{g}_\varepsilon} \leq k(R) \int\limits_{B_{\delta\mu_\varepsilon^{-1}}(0)} |\Phi_\varepsilon|^2 dv_{\tilde{g}_\varepsilon}.
\end{aligned}$$

Substituindo esta última desigualdade e (4.50) em (4.49) obtemos

$$\begin{aligned}
&\sum_{i=1}^{k} \int\limits_{B_{\delta\mu_\varepsilon^{-1}}(0)-B_R(0)} \eta(\mu_\varepsilon x)^2 \left|Rm_g(x_\varepsilon)\left(\nabla_{\tilde{g}_\varepsilon}\phi_\varepsilon^i, x, \nabla_{\tilde{g}_\varepsilon}\phi_\varepsilon^i, x\right)\right| dv_{\tilde{g}_\varepsilon} \leq \\
&\leq C\sum_{i=1}^{k} \int\limits_{\partial B_R(0)} \left|\nabla_\xi\left(|x|\phi_\varepsilon^i\right)^2\right| d\sigma_\xi + C \int\limits_{B_{\delta\mu_\varepsilon^{-1}}(0)-B_{\frac{\delta}{2}\mu_\varepsilon^{-1}}(0)} |\Phi_\varepsilon|^2 dv_{\tilde{g}_\varepsilon} \\
&+k(R) \int\limits_{B_{\delta\mu_\varepsilon^{-1}}(0)} |\Phi_\varepsilon|^2 dv_{\tilde{g}_\varepsilon} + \int\limits_{B_{\delta\mu_\varepsilon^{-1}}(0)-B_R(0)} \eta(\mu_\varepsilon x)^2 |x|^2 |\Phi_\varepsilon|^2 dv_{\tilde{g}_\varepsilon} \\
&-(n-1) \int\limits_{B_{\delta\mu_\varepsilon^{-1}}(0)-B_R(0)} \eta(\mu_\varepsilon x)^2 |\Phi_\varepsilon|^2 dv_{\tilde{g}_\varepsilon} \\
&-\sum_{i=1}^{k} \int\limits_{B_{\delta\mu_\varepsilon^{-1}}(0)-B_R(0)} 2\eta(\mu_\varepsilon x)^2 \phi_\varepsilon^i \tilde{g}_\varepsilon\left(\nabla_{\tilde{g}_\varepsilon}\phi_\varepsilon^i, \nabla_{\tilde{g}_\varepsilon}\frac{|x|\,x}{|x|}\right) dv_{\tilde{g}_\varepsilon} \\
&-\sum_{i=1}^{k} \int\limits_{B_{\delta\mu_\varepsilon^{-1}}(0)-B_R(0)} \eta(\mu_\varepsilon x)^2 \tilde{g}_\varepsilon\left(\nabla_{\tilde{g}_\varepsilon}\left(|x|\phi_\varepsilon^i\right), \nabla_{\tilde{g}_\varepsilon}\frac{x}{|x|}\right)^2 dv_{\tilde{g}_\varepsilon}.
\end{aligned} \tag{4.51}$$

Agora, usando o fato de que o gradiente numa variedade depende apenas do ponto onde é calculado (não da carta escolhida), temos que as duas últimas integrais em (4.51) ficam iguais a

$$\begin{aligned}
& -\sum_{i=1}^{k} \int_{B_{\delta\mu_\varepsilon^{-1}}(0)-B_R(0)} 2\eta(\mu_\varepsilon x)^2 \phi_\varepsilon^i \tilde{g}_\varepsilon\left(\nabla_{\tilde{g}_\varepsilon}\phi_\varepsilon^i, \frac{|x|\, x}{|x|}\right) dv_{\tilde{g}_\varepsilon} - \\
& -\sum_{i=1}^{k} \int_{B_{\delta\mu_\varepsilon^{-1}}(0)-B_R(0)} \eta(\mu_\varepsilon x)^2 \left[\tilde{g}_\varepsilon\left(\nabla_{\tilde{g}_\varepsilon}\phi_\varepsilon^i, x\right) + \phi_\varepsilon^i \tilde{g}_\varepsilon\left(\nabla_{\tilde{g}_\varepsilon}|x|, \frac{x}{|x|}\right)\right]^2 dv_{\tilde{g}_\varepsilon} \\
= & -\sum_{i=1}^{k} \int_{B_{\delta\mu_\varepsilon^{-1}}(0)-B_R(0)} 2\eta(\mu_\varepsilon x)^2 \phi_\varepsilon^i \tilde{g}_\varepsilon\left(\nabla_{\tilde{g}_\varepsilon}\phi_\varepsilon^i, x\right) dv_{\tilde{g}_\varepsilon} \\
& -\sum_{i=1}^{k} \int_{B_{\delta\mu_\varepsilon^{-1}}(0)-B_R(0)} \eta(\mu_\varepsilon x)^2 \left[\tilde{g}_\varepsilon\left(\nabla_{\tilde{g}_\varepsilon}\phi_\varepsilon^i, x\right) + \phi_\varepsilon^i\right]^2 dv_{\tilde{g}_\varepsilon},
\end{aligned}$$

e que

$$\begin{aligned}
\int_{B_{\delta\mu_\varepsilon^{-1}}(0)-B_R(0)} \eta(\mu_\varepsilon x)^2 |x|^2 |\Phi_\varepsilon|^2 dv_{\tilde{g}_\varepsilon} &\leq \int_{B_{\delta\mu_\varepsilon^{-1}}(0)} |x|^2 |\Phi_\varepsilon|^2 dv_{\tilde{g}_\varepsilon} \\
&= \int_{B_\delta(0)} |\mu_\varepsilon x|^2 |V_\varepsilon|^2 dv_{g_\varepsilon} \\
&\leq h(\delta) \int_{B_\delta(0)} |V_\varepsilon|^2 dv_{g_\varepsilon} \\
&= h(\delta) \int_{B_{\delta\mu_\varepsilon^{-1}}(0)} |V_\varepsilon|^2 dv_{g_\varepsilon}.
\end{aligned} \tag{4.52}$$

Desta forma, temos

$$
\begin{aligned}
&\int\limits_{B_{\delta\mu_\varepsilon^{-1}}(0)-B_R(0)} \eta(\mu_\varepsilon x)^2 |\Phi_\varepsilon|^2 dv_{\tilde{g}_\varepsilon} - n \int\limits_{B_{\delta\mu_\varepsilon^{-1}}(0)-B_R(0)} \eta(\mu_\varepsilon x)^2 |\Phi_\varepsilon|^2 dv_{\tilde{g}_\varepsilon} - \\
&-\sum_{i=1}^{k} \int\limits_{B_{\delta\mu_\varepsilon^{-1}}(0)-B_R(0)} 2\eta(\mu_\varepsilon x)^2 \phi_\varepsilon^i \tilde{g}_\varepsilon\left(\nabla_{\tilde{g}_\varepsilon}\phi_\varepsilon^i, x\right) dv_{\tilde{g}_\varepsilon} \\
&-\sum_{i=1}^{k} \int\limits_{B_{\delta\mu_\varepsilon^{-1}}(0)-B_R(0)} \eta(\mu_\varepsilon x)^2 \left[\tilde{g}_\varepsilon\left(\nabla_{\tilde{g}_\varepsilon}\phi_\varepsilon^i, x\right)^2 + 2\tilde{g}_\varepsilon\left(\nabla_{\tilde{g}_\varepsilon}\phi_\varepsilon^i, x\right)\phi_\varepsilon^i + \left(\phi_\varepsilon^i\right)^2\right] dv_{\tilde{g}_\varepsilon} \\
&+ \int\limits_{B_{\delta\mu_\varepsilon^{-1}}(0)-B_R(0)} 3\eta(\mu_\varepsilon x)^2 |\Phi_\varepsilon|^2 dv_{\tilde{g}_\varepsilon} - \int\limits_{B_{\delta\mu_\varepsilon^{-1}}(0)-B_R(0)} 3\eta(\mu_\varepsilon x)^2 |\Phi_\varepsilon|^2 dv_{\tilde{g}_\varepsilon} \\
= {} & (4-n) \int\limits_{B_{\delta\mu_\varepsilon^{-1}}(0)-B_R(0)} \eta(\mu_\varepsilon x)^2 |\Phi_\varepsilon|^2 dv_{\tilde{g}_\varepsilon} \\
&-\sum_{i=1}^{k} \int\limits_{B_{\delta\mu_\varepsilon^{-1}}(0)-B_R(0)} \eta(\mu_\varepsilon x)^2 \left[\tilde{g}_\varepsilon\left(\nabla_{\tilde{g}_\varepsilon}\phi_\varepsilon^i, x\right) + 2\phi_\varepsilon^i\right]^2 dv_{\tilde{g}_\varepsilon} \\
\leq {} & (4-n) \int\limits_{B_{\delta\mu_\varepsilon^{-1}}(0)-B_R(0)} \eta(\mu_\varepsilon x)^2 |\Phi_\varepsilon|^2 dv_{\tilde{g}_\varepsilon} = (4-n) \int\limits_{B_{\delta\mu_\varepsilon^{-1}}(0)-B_{\frac{\delta}{2}\mu_\varepsilon^{-1}}(0)} \eta(\mu_\varepsilon x)^2 |\Phi_\varepsilon|^2 dv_{\tilde{g}_\varepsilon} \\
\leq {} & C \int\limits_{B_{\delta\mu_\varepsilon^{-1}}(0)-B_{\frac{\delta}{2}\mu_\varepsilon^{-1}}(0)} |\Phi_\varepsilon|^2 dv_{\tilde{g}_\varepsilon}.
\end{aligned}
$$

Substituindo esta última e (4.52) em (4.51) encontramos finalmente (4.40). Consequentemente,

$$
\begin{aligned}
\limsup_{\varepsilon\to 1} \frac{\sum |C_\varepsilon^i|}{\int_{B_\delta(0)} |V_\varepsilon|^2 dx} \leq {} & C \limsup_{\varepsilon\to 1} \left[\frac{\sum_{i=1}^k \int_{\partial B_R(0)} \left|\nabla_\xi\left(|x|\phi_\varepsilon^i\right)^2\right| d\sigma_\xi}{\int_{B_{\delta\mu_\varepsilon^{-1}}(0)} |\Phi_\varepsilon|^2 dv_{\tilde{g}_\varepsilon}} + \frac{\int_{B_{\delta\mu_\varepsilon^{-1}}(0)-B_{\frac{\delta}{2}\mu_\varepsilon^{-1}}(0)} |\Phi_\varepsilon|^2 dv_{\tilde{g}_\varepsilon}}{\int_{B_{\delta\mu_\varepsilon^{-1}}(0)} |\Phi_\varepsilon|^2 dv_{\tilde{g}_\varepsilon}} \right. \\
& \left. + k(R) \frac{\int_{B_{\delta\mu_\varepsilon^{-1}}(0)} |\Phi_\varepsilon|^2 dv_{\tilde{g}_\varepsilon}}{\int_{B_{\delta\mu_\varepsilon^{-1}}(0)} |\Phi_\varepsilon|^2 dv_{\tilde{g}_\varepsilon}} + h(\delta) \frac{\int_{B_{\delta\mu_\varepsilon^{-1}}(0)} |\Phi_\varepsilon|^2 dv_{\tilde{g}_\varepsilon}}{\int_{B_{\delta\mu_\varepsilon^{-1}}(0)} |\Phi_\varepsilon|^2 dv_{\tilde{g}_\varepsilon}} \right],
\end{aligned}
$$

ou seja,

$$
\begin{aligned}
\limsup_{\varepsilon\to 1} \frac{\sum |C_\varepsilon^i|}{\int_{B_\delta(0)} |V_\varepsilon|^2 dx} \leq {} & C \limsup_{\varepsilon\to 1} \left[\frac{\sum_{i=1}^k \int_{\partial B_R(0)} \left|\nabla_\xi\left(|x|\phi_\varepsilon^i\right)^2\right| d\sigma_\xi}{\int_{B_{\delta\mu_\varepsilon^{-1}}(0)} |\Phi_\varepsilon|^2 dv_{\tilde{g}_\varepsilon}} + \frac{\int_{B_{\delta\mu_\varepsilon^{-1}}(0)-B_{\frac{\delta}{2}\mu_\varepsilon^{-1}}(0)} |\Phi_\varepsilon|^2 dv_{\tilde{g}_\varepsilon}}{\int_{B_{\delta\mu_\varepsilon^{-1}}(0)} |\Phi_\varepsilon|^2 dv_{\tilde{g}_\varepsilon}} \right] \\
& + k(R) + h(\delta)
\end{aligned}
$$

Agora, trabalhemos com estas divisões de integrais. Na primeira, temos que

$$
\int\limits_{\partial B_R(0)} \left|\nabla_\xi\left(|x|\phi_\varepsilon^i\right)^2\right| d\sigma_\xi = R^2 \int\limits_{\partial B_R(0)} \left|\nabla_\xi\left(\phi_\varepsilon^i\right)^2\right| d\sigma_\xi \to R^2 \int\limits_{\partial B_R(0)} \left|t_0^i\right|^2 \left|\nabla_\xi \phi^2\right| d\sigma_\xi
$$

(veja a proposição 5) e portanto,

$$
\sum_{i=1}^{k} \int\limits_{\partial B_R(0)} \left|\nabla_\xi\left(|x|\phi_\varepsilon^i\right)^2\right| d\sigma_\xi \leq CR^2 \int\limits_{\partial B_R(0)} \left|\nabla_\xi \phi^2\right| d\sigma_\xi.
$$

Mas, $\partial_i \phi^2 = C(1-n)\frac{x_i}{(1+C|x|^2)^n}$, logo

$$\left|\nabla \phi^2\right| = \frac{C(n-1)}{\left(1+C|x|^2\right)^n}|x| \leq \frac{C|x|}{\left(C|x|^2\right)^n} = C|x|^{1-2n}$$

e consequentemente

$$\begin{aligned} CR^2 \int_{\partial B_R(0)} \left|\nabla_\xi \phi^2\right| d\sigma_\xi &\leq CR^2 \int_{\partial B_R(0)} C|x|^{1-2n} d\sigma_\xi \\ &\leq CR^2 R^{1-2n} \int_{\partial B_R(0)} d\sigma_\xi \\ &\leq CR^2 R^{1-2n} R^{n+1} = CR^{4-n}. \end{aligned}$$

Já quanto à segunda, pelas proposições 4 e 6 o limite é zero. Logo,

$$\limsup_{\varepsilon\to 1} \frac{\sum\left|C_\varepsilon^i\right|}{\int_{B_\delta(0)}|V_\varepsilon|^2 dx} \leq C \limsup_{\varepsilon\to 1} CR^{4-n}\left(\int_{B_{\delta\mu_\varepsilon^{-1}}(0)} |\Phi_\varepsilon|^2 dv_{\tilde{g}_\varepsilon}\right)^{-1} + h(\delta) + k(R).$$

Por outro lado, note que $\forall \tilde{R} > 0$

$$\liminf_{\varepsilon\to 1}\left(\int_{B_{\delta\mu_\varepsilon^{-1}}(0)} |\Phi_\varepsilon|^2 dv_{\tilde{g}_\varepsilon}\right) \geq \int_{B_{\tilde{R}}(0)} \phi^2 dx > 0$$

e portanto $\limsup_{\varepsilon\to 1}\left(\int_{B_{\delta\mu_\varepsilon^{-1}}(0)} |\Phi_\varepsilon|^2 dv_{\tilde{g}_\varepsilon}\right)^{-1}$ não vai para zero e como $n \geq 7$, podemos fazer $R \to +\infty$ para obtermos finalmente que

$$\limsup_{\varepsilon\to 1} \frac{\sum\left|C_\varepsilon^i\right|}{\int_{B_\delta(0)}|V_\varepsilon|^2 dx} \leq h(\delta).$$

2. Propriedades Básicas de F e G.

Neste apêndice colocamos duas propriedades básicas sobre as funções homogêneas F e G que aparecem ao longo desta tese. São dois resultados bem simples mas importantes. Seguem:

Proposição 20 *Nas condições sobre F e H dadas acima temos que existem constantes positivas C_0, C_1, C_3 tais que*

(i) $C_0 \left(\sum_{i=1}^k |t_i|^2\right)^{2^*/2} \leq F(t) \leq M_F \left(\sum_{i=1}^k |t_i|^2\right)^{2^*/2}$, $\forall t \in \mathbb{R}^k$

(ii) $C_1 \sum_{i=1}^k |t_i|^2 \leq H(x,t) \leq C_2 \sum_{i=1}^k |t_i|^2$, $\forall x \in M$ *e* $\forall t \in \mathbb{R}^k$

Prova. (i) Fixe $t \in \mathbb{R}^k$. Se $t = 0$ então pela homogeneidade $F(0) = 0$. Observe que positividade da F significa ser positiva fora do zero. Neste caso temos uma igualdade em ambos os lados de (i). Seja então $t \neq 0$, aqui temos que $\frac{t}{\left(\sum_{i=1}^k |t_i|^2\right)^{1/2}} \in \mathbb{S}_2^{k-1}$ e portanto

$$F(t_0) \geq F\left(\frac{t}{\left(\sum_{i=1}^k |t_i|^2\right)^{1/2}}\right) = \left(\frac{1}{\left(\sum_{i=1}^k |t_i|^2\right)^{1/2}}\right)^{2^*} F(t)$$

ou seja,

$$F(t) \leq M_F \left(\sum_{i=1}^k |t_i|^2\right)^{2^*/2}.$$

Seja $\widehat{t} \in \mathbb{S}_2^{k-1}$ tal que $F\left(\widehat{t}\right) = C_0 > 0$ seja mínimo. Tomando $t \in \mathbb{R}^k - \{0\}$ temos que $\frac{t}{\left(\sum_{i=1}^k |t_i|^2\right)^{1/2}} \in \mathbb{S}_2^{k-1}$ e consequentemente

$$C_0 \left(\sum_{i=1}^k |t_i|^2\right)^{2^*/2} \leq F(t).$$

(ii) Seja $x \in M$ fixado. Tome $\bar{t} \in \mathbb{S}_2^{k-1}$ tal que $H\left(x, \bar{t}\right)$ seja máximo em $\mathbb{S}_2^{k-1}$. Assim para cada $t \in \mathbb{R}^k - \{0\}$ temos que $\frac{t}{\left(\sum_{i=1}^k |t_i|^2\right)^{1/2}} \in \mathbb{S}_2^{k-1}$ e por conseguinte

$$H\left(x, \bar{t}\right) \sum_{i=1}^k |t_i|^2 \geq H(x,t).$$

Tomando agora $\overline{x} \in M$ tal que $C_2 = H\left(\overline{x}, \overline{t}\right) = \max_M H\left(., \overline{t}\right) > 0$ temos a desigualdade por cima em (ii).

Fixe $x \in M$ e tome $\widetilde{t} \in \mathbb{S}_2^{k-1}$ tal que $H\left(x, \widetilde{t}\right)$ seja mínimo em $\mathbb{S}_2^{k-1}$, ou seja,

$$H\left(x, \widetilde{t}\right) \leq H(x,t) \ \forall t \in \mathbb{S}_2^{k-1}.$$

Para todo $t \in \mathbb{R}^k$, $t \neq 0$ temos que $\frac{t}{\left(\sum_{i=1}^k |t_i|^2\right)^{1/2}} \in \mathbb{S}_2^{k-1}$ e portanto

$$H\left(x, \widetilde{t}\right) \sum_{i=1}^k |t_i|^2 \leq H(x,t) \ \forall t \in \mathbb{R}^k.$$

Agora tome $\widetilde{x} \in M$ tal que $C_1 = H\left(\widetilde{x}, \widetilde{t}\right) = \min_M H\left(., \widetilde{t}\right) > 0$ (M compacta e $H > 0$). Temos então que

$$C_1 \sum_{i=1}^{k} |t_i|^2 \leq H(x,t) \ \forall t \in \mathbb{R}^k \text{ e } \forall x \in M.$$

Finalizando a prova.

Observe que a positividade de F e H foram essenciais nesta última proposição. Para o próximo resultado foi feito uso apenas das suavidades e das homogeneidades de F e H, dispensando a positividade.

Proposição 21 *Para funções F e H como supostas acima (exceto pela exigência da positividade) temos que*

$$\sum_{i=1}^{k} \frac{\partial G(x,t)}{\partial t_i} t_i = 2G(x,t) \ \ e \ \sum_{i=1}^{k} \frac{\partial F(t)}{\partial t_i} t_i = 2^* F(t).$$

Prova. Usando a homogeneidade, a prova é imediata.

Bibliografia

[1] R. A. Adams, J. J. F. Fournier - *Sobolev Spaces,* Pure and Applied Mathematics Series, vol 140, Academic Press (2003).

[2] T. Aubin - *Equations différentielles non líneaires et problème de Yamabe concernant la courbure scalaire,* J. Math. Pure Appl. 55, 269 – 296 (1976).

[3] T. Aubin - *Nonlinear Analysis on manifolds - Monge-Ampère equations,* Grundlehren der Mathematischen Wissenschaften 252 (1982).

[4] E. Barbosa, M. Montenegro - *Extremal maps in best constants vector theory Part I: Duality and Compactness,* Preprint (2010).

[5] E. Barbosa - *Teoria de melhores constantes em análise geométrica: da escalar à vetorial,* Tese de Doutorado (2008).

[6] H. Brézis - *Análisis Funcional Teoría e Aplicaciones* - Alianza Editorial (1984).

[7] S. Collion - *Fonctions critiques et equations aux dérivées partielles elliptiques sur les variétés riemanniennes compactes, PhD Thesis* (2004).

[8] F. Demengel, E. Hebey - *On some nonlinear equations involving the $p-$laplacian with critical Sobolev growth,* Advances in differential equations, vol 3, Number 4, 533 – 574 (1998).

[9] Z. Djadli - *Nonlinear elliptic equations with critical Sobolev exponent on compact riemannian manifolds,* Calculus of Variations 8, 293 – 326 (1999).

[10] Z. Djadli, O. Druet - *Extremal functions for optimal Sobolev inequalities on compact manifolds,* Calc. Var. 12, 59 – 84 (2001).

[11] E. Hebey - *Critical elliptic systems in potential form,* Advances in Differential Equations, 11, 511-600, 2006.

[12] E. Hebey - *Sharp Sobolev inequalities for vector valued maps,* Math. Z. 253, *no.*4, 681 – 708 (2006).

[13] E. Hebey - *Nonlinear analysis on manifolds: Sobolev spaces and inequalities,* Courant Lect. Notes Math., vol 5, Courant Institute of Mathematical Sciences, New York University, New York, (1999).

[14] E. Hebey - *Introduction à l ´analyse non-linéaire sur les variétés,* Fondations, Diderot Editeurs, Arts et Sciences, 1997.

[15] E. Hebey, O. Druet, F. Robert - *Blow-Up Theory for Elliptic PDEs in Riemannian Geometry*, Princeton University Press.

[16] E. Hebey, O. Druet, J. V etois - *Bounded stability for strongly coupled critical elliptic systems below the geometric threshold of the conformal Laplacian*, J. Funct. Anal., 258 (2010) 999-1059.

[17] E. Hebey, O. Druet - *Stability for strongly coupled critical elliptic systems in a fully inhomogeneous medium*, Analysis and PDEs, vol. 2, no 3 (2009) 305-359.

[18] E. Hebey, M. Vaugon - *From best constants to critical functions,* Math. Z. $237, 737 - 767\,(2001)$.

[19] E. Humbert, M. Vaugon - *The problem of prescribed critical function,* Annals of Global Analysis and Geometry $28, 19 - 34$ (2005).

[20] J. M. Lee, T. H. Parker - *The Yamabe problem,* Bulletin of the American Mathematical Society, vol 17, n. 1, July 1987.

[21] R. Schoen - *Conformal deformation of a riemannian metric to constant scalar curvature,* J. Diff. Geometry, $20\,(1984), 479 - 495$.

[22] N. S. Trudinger - *Remarks concerning the conformal deformation of riemannian structures on compact manifolds,* Ann. Scuola Norm. Sup. Pisa, $22\,(1968), 265 - 274$.

[23] N. S. Trudinger, D. Gilbarg, *Elliptic Partial Differential Equations of Second Order, Second Edition,* Springer-Verlag, 1983

[24] H. Yamabe - *On a deformation of riemannian structures on compact manifolds,* Osaka Math. Journal, $12\,(1960), 21 - 37$.

[25] S-T Yau - *Problem section, seminar on differential geometry,* Princeton University Press, Princeton, N. J.,1982.

FSC
www.fsc.org
MIX
Papier aus verantwortungsvollen Quellen
Paper from responsible sources
FSC® C141904

Druck:
Customized Business Services GmbH
im Auftrag der KNV-Gruppe
Ferdinand-Jühlke-Str. 7
99095 Erfurt